老年人的心理特点
及其心理健康问题研究

于海涛 著

中国商务出版社

图书在版编目（CIP）数据

老年人的心理特点及其心理健康问题研究 / 于海涛著 . -- 北京：中国商务出版社，2020.6
ISBN 978-7-5103-3374-3

Ⅰ . ①老… Ⅱ . ①于… Ⅲ . ①老年心理学 – 研究②老年人 – 心理保健 – 研究 Ⅳ . ① B844.4 ② R161.7

中国版本图书馆 CIP 数据核字（2020）第 083025 号

老年人的心理特点及其心理健康问题研究
LAONIANREN DE XINLI TEDIAN JIQI XINLI JIANKANG WENTI YANJIU
于海涛 著

出　　版：	中国商务出版社
地　　址：	北京市东城区安定门外大街东后巷 28 号　　邮　编：100710
责任部门：	职业教育事业部（010-64218072　295402859@qq.com）
责任编辑：	周　青
总　发　行：	中国商务出版社发行部（010-64208388　64515150）
网　　址：	http://www.cctpress.com
邮　　箱：	cctp@cctpress.com
排　　版：	北京亚吉飞数码科技有限公司
印　　刷：	北京亚吉飞数码科技有限公司
开　　本：	710 毫米 × 1000 毫米　1/16
印　　张：	13.5　　　　　　　　　　　　字　　数：242 千字
版　　次：	2021 年 3 月第 1 版　　　　　印　　次：2021 年 3 月第 1 次印刷
书　　号：	ISBN 978-7-5103-3374-3
定　　价：	65.00 元

凡所购本版图书有印装质量问题，请与本社总编室联系。（电话：010-64212247）

版权所有　盗版必究（盗版侵权举报可发邮件到本社邮箱：cctp@cctpress.com）

前 言

随着生产的发展、科技的进步和人民生活水平的提高,我国人口的寿命在日益延长,老年人的数量越来越多。2010年全国第六次人口普查数据显示,我国60岁以上人口数量已经达到了1.78亿,占总人口的13.26%,65岁以上人口占到了8.87%。随着中华人民共和国成立初期第一次生育高峰出生的人口相继步入老年,我国将迎来老年人口的增长高峰,无论是从速度上还是从程度上来看,我国的人口老龄化问题将会比以往更为严重。

世界卫生组织提出了21世纪健康的新概念:"健康不仅是没有疾病,而且包括生理健康、心理健康、社会适应良好和道德健康。"这一概念明确了三点内容:第一,健康不单单是指没有疾病;第二,健康涉及生理、心理、社会适应和道德四个方面;第三,个体只有在这四个方面都处于良好的状态才算健康。这一概念明确将心理健康纳入健康的范围,使其成为社会大众关注的焦点。

对于老年人而言,退休后进入老年是其人生的一个重大转折,这一时期可能会遇到由于生理上的病痛引起的不良情绪,由于退休等原因引起的社会角色向生活角色转变的不适应,由于缺少倾诉对象而无法排解心中的烦恼等,这些问题对老年人的心理健康都会产生不良影响。因此,关爱老年人的心理健康,帮助老年人及时发现并能正确解决自己的心理问题,是老年人保持心理健康的关键。然而目前,许多人关注的仍然是老年人的一些外显指标的改变,如各项生理指标的变化、器官功能的下降等,而对于老年人心理上的变化则关注较少。鉴于此,我特撰写了《老年人的心理特点及其心理健康问题研究》一书,以期能够对老年人的心理健康问题提供一定的帮助,使社会上更多的人关注老年人的心理健康问题。

本书共包括八章内容:第一章为绪论,对老化的基本概念与理论、我国当前人口老龄化的严峻形势以及我国对老年人心理健康问题的重视程度增强进行了分析;第二章对老年人的感知觉特点与认知功能的变化进行了探讨;第三章对老年人思维与语言的变化进行了分析;第四章对老年人情绪的调节与人际关系的调适进行了分析研究,通过此章内容的学习,可以帮助老年人正确认知自己的情绪,并找到正确的方法进行调节,同时也能够学会如何与他人正确相处,从而使其老年生活在快乐的氛围中度过;第五章对老年人的社会适应与性格变化进行了研究;第六章探讨了退休老年人的心理转变特点及自我调适;第七章对老年人的心理评估与老年心理服务体系的构建进行了研究;第八章对特殊老年人心理与调适的相关内容进行了阐述,具体包括养老院老人心理与调适、丧偶老人心理与调适、患病老人心理与调适、空巢老人心理与调适。总体来说,本书结构清晰、逻辑严谨、内容丰富、语言简练,具有较强的科学性、实用性和前沿性。

  本书在撰写过程中,参考了许多老年人心理方面的相关著作,也借鉴了许多专家学者的最新研究成果,在此一并表示衷心的感谢。由于时间仓促,作者水平有限,书中难免存在错误与疏漏,恳请各位专家、学者批评指正,以便本书日臻完善。

于海涛

2020 年 4 月

目 录

第一章　绪　论 …………………………………………… 1
　第一节　老化的基本概念与理论 ……………………………… 1
　第二节　我国当前人口老龄化的严峻形势 …………………… 5
　第三节　我国政府对老年人心理健康问题的重视程度增强 …… 11

第二章　老年人的感知觉特点与认知功能的变化 ………… 16
　第一节　老年人的感知觉特点 ………………………………… 16
　第二节　老年人认知功能的老化 ……………………………… 24
　第三节　老年人认知功能变化的应对 ………………………… 28

第三章　老年人的思维与语言的变化 ……………………… 35
　第一节　思维与语言的基础理论 ……………………………… 35
　第二节　老年人思维与语言的特征及其维护 ………………… 39

第四章　老年人情绪调节与人际关系调适 ………………… 51
　第一节　老年人情绪体验的特点 ……………………………… 51
　第二节　老年人情绪调节方法认知 …………………………… 57
　第三节　老年人典型负性情绪调节 …………………………… 65
　第四节　老年人人际交往特点与常见交往障碍 ……………… 75
　第五节　建立与维护老年人良好人际关系的对策 …………… 79

第五章　老年人的社会适应问题与性格变化 ……………… 84
　第一节　老年人心理不适感的主要来源 ……………………… 84
　第二节　老年人社会适应问题及应对 ………………………… 91
　第三节　老年期人格特征 ……………………………………… 100
　第四节　老年人性格变化的应对 ……………………………… 108

第六章　退休老年人的心理转变特点及自我调适 ………… 115
　第一节　退休制度的局限与发展趋势 ………………………… 115
　第二节　退休与老年人的心理变化的关系 …………………… 125

第三节　老年人退休综合征及心理护理 …………………… 129
　　第四节　老人晚年生活规划与临终护理 …………………… 135
第七章　老年人的心理健康评估与老年心理服务体系的构建 …… 147
　　第一节　老年人心理健康评估准备 ………………………… 147
　　第二节　老年人心理健康评估的基本内容与基本方法 …… 150
　　第三节　日益高涨的老年人心理需求 ……………………… 156
　　第四节　老年人心理健康教育实施 ………………………… 158
　　第五节　老年人心理咨询与心理治疗 ……………………… 165
　　第六节　建设富有中国特色的老年精神文化生活 ………… 177
第八章　特殊老年人的心理与调适 ……………………………… 183
　　第一节　养老院老人的心理与调适 ………………………… 183
　　第二节　丧偶老人的心理与调适 …………………………… 189
　　第三节　患病老人的心理与调适 …………………………… 192
　　第四节　空巢老人的心理与调适 …………………………… 199
参考文献 …………………………………………………………… 204

第一章 绪 论

老年人是社会中一个特殊的群体,每个人都会变老,变老是每一个人都会经历的人生过程。目前,人口老龄化已成为全世界一个很普遍的问题,我们对于老年人的心理特点和心理健康问题要给予足够的关注和重视。本章将围绕老化的基本概念与理论、我国当前人口老龄化的严峻形势、我国对老年人心理健康问题的重视程度增强三个方面的内容进行阐述。

第一节 老化的基本概念与理论

一、老化的含义

个体的老化过程可以从狭义和广义两个层面来理解。从狭义层面来看,老化的含义与衰老的含义有点相似,指的是个体进入老年期之后所发生的各种退行性变化。从广义层面来看,老化指的是个体在进入老年期直到死亡的这段时间内发生的各种变化,这个意义上的老化含义更为中性,因为其变化不光指的是衰退,还有增长。总的来说强调的是个体生命以时间为轴的过程性变化。

对于广义层面老化含义的理解是十分重要的,它可以帮助我们更加全面、客观地理解个体在老年期的身心变化过程,并为维护老年人的心理健康提供更有效的帮助,例如对老年人心理障碍进行更全面的评估、更准确的诊断和更有效的治疗等。

二、老化的生物学解释

进入老年期之后,个体的生物学特征主要以退行性变化为主。那么,人类为什么必然要经历这个衰退期?从生物学的角度出发,目前的研究结果主要从以下几个方面解释衰老的机制。

(一)代谢机制

新陈代谢的废物堆积在细胞内导致了老化,具体表现为组织细胞数目减少、水分降低,器官质量减轻、功能减退,但是脂肪组织数目却呈现增长趋势。75岁老人与25岁年轻人相比,其组织细胞减少了30%,细胞内水分从42%减少到33%。老年人由于细胞减少、器官萎缩、器官质量减轻,器官的功能发生了一系列变化,有的老年人器官甚至丧失了功能。

目前较为活跃的观点是由英国的哈曼博士于1956年提出来的《自由基衰老理论》。自由基是指那些带有奇数电子数的化学物质,即它们都带有未配对的自由电子,这些自由电子导致了物质的高反应活性。自由基是人体生命活动中多种生化反应正常的中间代谢产物,如细胞内酶的催化活动、电子传递、细胞成分的自动氧化以及杀死微生物的吞噬作用等,对维持机体正常代谢有一定的促进作用,生命活动离不开自由基。人体细胞在正常代谢过程中存在着许多细胞内酶的催化活动,这类酶催化反应是形成自由基的最重要的途径。正常情况下,由于体内存在自由基生成系统和清除系统,人体内的自由基处于不断产生与清除的动态平衡之中,若该系统失衡,自由基产生过多或清除过少,就会引起机体损伤和病变。

维生素C和维生素E是具有抗氧化功能的分子,多摄入富含维生素C和维生素E的食物有助于消除体内的自由基,从而在一定程度上起到抗衰老的作用。

(二)遗传机制

从遗传或者基因角度解释衰老主要包括以下几个方面。

1.复制错误

复制错误指的是细胞在复制过程中,脱氧核糖核酸复制不准确或错误而导致老化及细胞死亡。

2.海弗里克界限

海弗里克于1961年对来自胚胎和成年人细胞的纤维细胞进行体外培养,发现胚胎细胞分裂传代50次以后便开始衰退和死亡,而来自成年人组织的纤维细胞只能培养15～30代就开始衰退和死亡。

因此,海弗里克认为,细胞的增殖能力和寿命是有限度的。人们把动物的体细胞在体外可传代的次数与物种的寿命有关的现象,以及细胞分裂能力与个体的年龄有关的现象称为海弗里克界限。而导致这种现象的原因可能与染色体的端粒有关,愈是年老的细胞端粒愈短。细胞每复制一次,端粒就会短一点,直至消耗殆尽时就会出现细胞死亡。

(三)自身免疫机制

随着个体年龄的不断增长,人身体的免疫系统会不断地受到各种抗原的攻击,以致功能耗竭或错误地将自身当作抗原,结果导致机体无法清除的物质产生不必要的增生,从而形成一系列自身免疫性疾病。在机体的免疫衰老过程中,胸腺衰老起到了主导作用。在整个机体的衰老过程中,胸腺比其他器官表现出更明显的增龄性萎缩。胸腺衰老是一个复杂的多因素变化过程。这个过程主要涉及T细胞的变化。进入老年期之后,T细胞的数量和免疫功能呈逐渐下降态势,这种进行性退变逐渐积累导致机体对感染和接种疫苗应答能力的降低,进而出现继发性免疫缺陷。

三、正常老化与异常老化

从理论上讲,老化的进程有两种模式,就是正常老化与异常老化。正常老化和异常老化并不是两个绝对的概念,它们是相对的。人类一直在进步,对于正常和异常的判断并非一成不变,而是会根据实际的情况进行改变。举个例子,在以前性观念不开放的时候,对于老年人有性需求的看法就是变态,而现在人们则普遍给予理解和接受,认为这是正常的。

(一)正常老化

正常老化是指在自然衰老过程中出现的身心变化。例如神经系统退行性变化、加工速度的减慢、记忆容量的减少等。以图1-1为例,假设图中的纵坐标指的是认知功能,那么正常老化的曲线表明,随着年龄的增长,认知功能虽然会出现一些下降(比如与年轻人相比,知觉速度会慢1 000~1 500毫秒),但是这种下降并不会导致老年人的生活适应出现明显障碍或失调。图1-2为70岁正常老人的大脑结构,图1-3为同龄罹患阿尔茨海默病老人的大脑结构。图1-2的大脑结构与年轻人相比虽然也已出现某些老化衰减,但并不影响其基本功能。

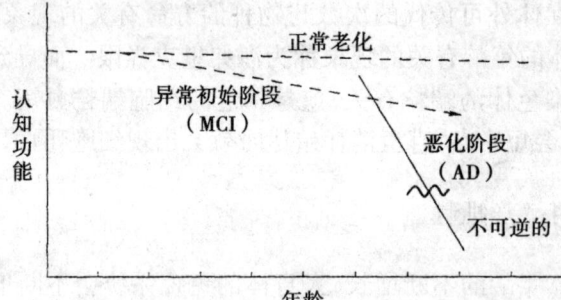

注：MCI为轻度认知障碍（Mild Cognitive Impairment），AD为阿尔茨海默症。

图1-1　正常老化和异常老化示意图

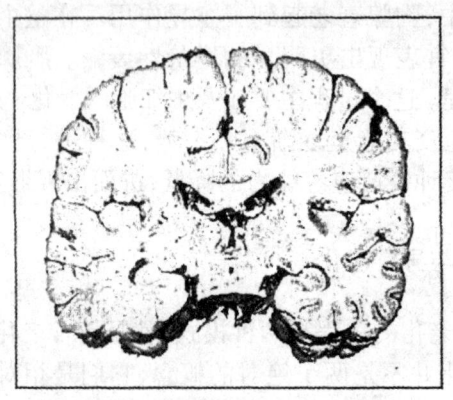

图1-2　70岁正常老人的大脑结构

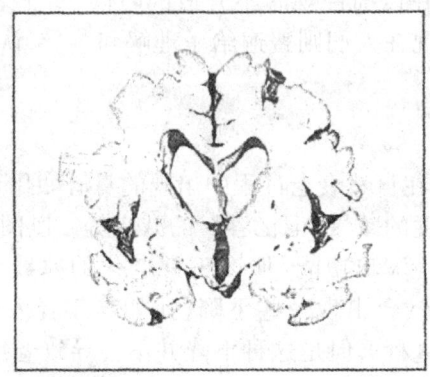

图1-3　70岁AD患者的大脑结构

(二)异常老化

这是一个相对性概念，可以有两种理解。

（1）与年龄不相称的衰退，如提前出现下降。
（2）过度出现某些行为现象，如问题的幅度过大。

仍然以认知功能为例，图 1-1 中下行的曲线表明了异常老化的过程，它包括两个阶段：认知老化异常的初始阶段，可能以轻度认知功能障碍的症状出现；恶化阶段，如阿尔茨海默病所表现的问题。而一旦进入恶化阶段，认知功能的衰退就成为不可逆的状态了。从图 1-1 还可见，正常老化个体与异常老化个体的认知功能最初可能一样良好，到某一特定时期，二者的变化曲线才开始出现分离。

第二节 我国当前人口老龄化的严峻形势

一、我国人口老龄化现状

人口老龄化是指老年人口不断增多，老年人口占总人口的比重过大的现象。[①] 按照国际通行的标准，60 岁以上老年人口占总人口的比重达到 10% 以上，或者 65 岁以上的老年人口占总人口的比重达 7% 以上，即可看作是进入了老年型社会。

我国是世界上老年人口数量最多、老年人口比例增长最快的国家之一。20 世纪 50 年代以来，我国人口结构经历了从年轻型向老年型的转变。中华人民共和国成立后，随着人民生活水平的提高、医疗卫生条件的改善，人们的平均寿命不断得到提高，导致人口总规模不断膨胀。根据 1964—2010 年历次人口普查的资料，特别是 2000 年第五次人口普查的资料，从 2000 年开始，65 岁以上老年人人口比重已经超过 7%，60 岁以上老年人口比重已经超过 10%。这已经充分地表明我国自从 2000 年就已经进入了老龄化社会。而我国已经进入人口老龄化快速发展阶段，截至 2015 年底，我国 60 岁以上人口达到 2.22 亿，占人口总数的 16%，其中 65 岁以上老年人为 1.44 亿。[②]

根据中国人口与发展研究中心公布的数据，我国老年人数量约占亚洲老年人总数的 36%、世界老年人口总数的 22.3%。当前我国老年人口规模之大、老龄化速度之快、高龄人口比例之高，都是世界人口发展史上

---

① 耿庆霞.浅析人口老龄化背景下农村养老问题[J].中国城市化，2016（4）.
② 政策研究室子站.发改委：发展养老服务业绘就魅力夕阳红[EB/OL].中国老龄工作委员会办公室网站.

前所未有的。

二、我国人口老龄化发展特点

与其他国家相比,我国的人口老龄化发展呈现出以下几个特点。

(一)老年人口数量大、增长快

2010年,我国进行了第六次人口普查,国家统计局公布的数据显示,全国60岁及以上人口为1.78亿,约占总人口的13.26%,比2000年的人口普查结果上升了2.93%。65岁及以上人口为1.19亿,约占总人口的8.87%,比2000年人口普查结果上升了1.91%。[①]我国的人口年龄结构正在发生着变化,随着我国经济社会的快速发展、人民生活水平的提高和医疗卫生条件的改善,我国人口生育率持续保持较低水平,老龄化进程逐步加快。

根据联合国的预测,中国60岁及以上老人、65岁及以上老人将分别从2010年的1.67亿、1.1亿增加到2030年的3.4亿、2.3亿和2050年的4.4亿、3.3亿,如图1-4所示。

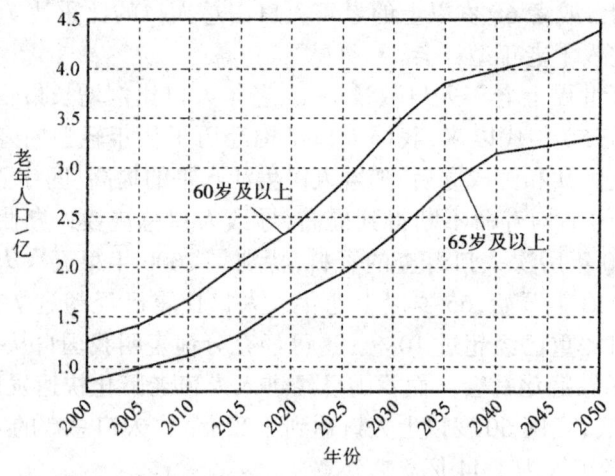

图1-4 中国历年老年人口数量

(二)老龄化程度城乡、地区差异大

我国人口老龄化的地区差异十分明显。这个差异一方面表现在城市

---

① 国务院第六次全国人口普查领导小组办公室.全国人口普查公报[R].国家统计局官网.

与农村的人口老龄化程度不同。发达国家人口老龄化的历程表明,城市人口老龄化水平一般高于农村,中国的情况则不同。由于大量农村劳动力向城市迁移,延缓了城镇人口老龄化进程,但却加快了农村人口老龄化的速度。

另一方面,人口老龄化发展的地区差异较大。由于我国东西部经济发展的不均衡,导致人口老龄化也呈现出区域发展不均衡的特点。北京、上海、天津和重庆4个直辖市及江苏、浙江、山东等中东部经济发达省份的人口老龄化程度较为严重。而经济欠发达的西部省份,如青海及新疆维吾尔自治区和西藏自治区等人口老龄化程度相对较轻。地区之间人口老龄化差异的程度预示着我国未来人口流动现象的加剧,由于在我国东部经济发达地区人口老龄化程度严重,这些地区对年轻劳动力的需求持续旺盛,必然要吸引其他地区的年轻劳动力的流入。因此,在最初阶段,劳动力跨区域的流动将减小地区间人口老龄化程度的差异,但随着落后地区年轻劳动力的流失,将有可能引发落后地区人口老龄化程度的加速恶化。

(三)人口老龄化性别结构失衡

两性老龄结构失衡表现为男女性之间的老龄结构差异,就中国人出生时的平均预期寿命而言,男性低于女性。当期望寿命在男女之间的差异在多数高收入国家逐渐缩小的时候,这一差异在中国将继续扩大。

男性寿命比女性短也就等同于在固定年龄段的老年人中,女性占的比重比男性大。根据国家统计局公布的数据显示,在2010年第六次人口普查统计中60岁以上的老人男性有8 607 680人,女性有9 051 022人,女性占比为51.26%(取4位有效数字),在80岁以上的老年人中女性占60%以上。[①] 这表明,随着老年人年龄的增长,男性死亡率较女性死亡率更高。据联合国估计,这一比例在随后的几十年里还会不断增加。

(四)人口老龄化与经济发展水平脱节

大多数西方发达国家是在实现经济现代化的前提下才进入老龄化社会的,由于处于经济水平高度发达的时期,经济补偿能力强,而且及时建立健全了养老保险、医疗保险制度和完善的社会保障体系。对这些国家来说,经济的波动发展、出生率下降和人口老龄化三者大致同步进行,即

---

① 国务院第六次全国人口普查领导小组办公室.全国人口普查公报[R].国家统计局官网.

使出现一些养老方面的问题,也不会产生严重的社会环境不安和动荡。简单而言,西方发达国家属于"先富后老"或"富老同步"社会。然而,我国是在20世纪末期经济条件仍欠发达的情况下提前迈入老龄化社会的,尽管经过长期的改革开放,国家的经济总量有了很大的增长,但在经济发展的质量方面仍无法与发达国家相比。

我国属于典型的"未富先老"社会,其经济发展水平远远低于人口老龄化的增长速度。薄弱的物质基础难以应对当前人口老龄化的严峻形势。

(五)空巢老人和农村老人增多

进入21世纪以来,随着年轻人群体的异地求学和工作,父母与子女异地居住生活,空巢老人的数量越来越多。

随着城市化进程的不断加快,我国大量农村青壮年劳动力越来越多地流向城市,留守在家的农村老年人数量逐渐增多,因而提高了农村实际人口老龄化的程度。我国的人口老龄化现象也呈现出城乡倒置的趋势。第六次人口普查结果显示,城市老年人口数量为0.68亿,而农村老年人口数量却达到1.1亿。农村地区人口老龄化趋势严峻,这也是今后解决老年人服务工作的重大难题之一。

三、人口老龄化对社会的影响以及应对措施

(一)人口老龄化对社会的影响

1. 人口老龄化对劳动力资源的影响

人口老龄化对于劳动力资源的影响是巨大的。首先,人口老龄化会使劳动年龄人口的比重有所下降,进而会使劳动力无法实现有效的供给。虽然这种情况在目前来看可以暂时缓解就业压力,也有利于解决失业和下岗的问题。但是,长远来看,如果人口老龄化成为一种趋势,会导致劳动力数量的持续减少,最后劳动力不足的问题就会变得棘手。其次,人口老龄化将导致劳动力年龄结构老化,影响生产率的提高。劳动力年龄结构老化将会削弱创新和发明的力量,阻碍劳动生产率的提高,也会造成结构性失业,使失业率上升,从而影响我国整个国家的经济增长速度。

2. 人口老龄化的发展将严重挑战现有的养老保障体制

首先,老年人口不断增加,必然会导致养老金的大量支出且支出风险也会加大。随着人口老龄化程度的不断加深,养老保险基金总量不足的

问题会更加突出。

其次，人口老龄化使医疗保险面临风险。随着退休人员的急剧增加，老年人口医疗费用的普遍提高，人口老龄化的速度逐渐超过了缴费人口的增长速度，这些给医疗保障带来了巨大的压力。而且随着人口老龄化进程加快，农村的养老、医疗等方面的压力相对于城市将更加突出，西部和贫困地区尤为严峻。

3. 人口老龄化使传统的家庭养老模式面临严峻挑战

养老问题是老龄化社会面临的最主要的经济和社会问题。"老有所养"应该包含两个方面的内容：一方面是在经济层面有所保障，另一方面要给他们良好的生活照料（包括精神慰藉）。目前来看，我国城乡老年人的生活照料和精神慰藉仍主要由家庭承担。

随着老龄化进程的加快和程度的加深、生育率的下降，家庭的供养资源减少，导致子女养老的人均负担成倍增加。这种发展趋势将使人口老龄化所带来的老年赡养压力不断上升，将严重影响到我国经济的发展。

同时，空巢家庭越来越多，许多老人的子女不在身边，子女赡养老人往往"有心无力"，需要更多的社会服务机构来代替子女为老人提供生活服务以及适当的精神照料。与这种社会需求相矛盾的是，目前社会养老机构和养老设施还比较缺乏。其他生活照料、精神慰藉等许多服务机构也都存在发展缓慢的问题，远远满足不了老年人的实际需求。

（二）解决人口老龄化的对策

1. 促进经济社会迅速发展

由于我国的人口老龄化问题是在经济尚不发达的情况下出现的，这种"未富先老"的国情决定了我们不可能照搬发达国家的模式，老年人的福利水平和支持体系要在优先发展经济的前提下逐步解决。所以，我们要充分利用现有人口规模优势，利用人口老化前期总赡养费用比较低的有利时机，充分发挥"人口机会窗口"效应的推进作用。

我们一定要抓住这个机遇，充分发挥人口结构优势，充分发挥现有的人口数量规模潜力优势，加大职业技能教育的投入，提高就业者的整体技能，鼓励新兴老龄产业的发展，加速推进社会经济的发展，为建立全面的社会保障体系提供坚实的经济基础。

2. 建立覆盖城乡居民的养老保障制度

建立覆盖城乡居民的养老保障制度是解决人口老龄化问题的一条

重要举措。

首先,要尽快完善城镇养老保障体系,充分发展企业年金和商业养老保险。这里我们应该借鉴发达国家的一些经验。比如为了缓解养老金总量不足的压力,西欧各国养老保险体系的第二根支柱——职业养老保障基金得到了普遍的运用。所谓职业养老保障基金,又被称为企业补充退休金,一般由雇主和雇员共同承担缴费费用。在西欧的一些国家,通常该基金是从出资企业中独立出来,由企业的雇主组织和工会协商建立,通过储蓄、政府债券等多种投资渠道,提高基金的收益率,使职业养老保障基金保值增值。近年来,西欧各国更是通过财政激励和与有关合作方达成协议来提高职业养老保障基金,并取得了很好的效果。我们今后的工作重心也应从完善制度设计、加强制度创新入手,鼓励支持发展企业年金、个人商业养老保险等多种形式的养老保险,形成国家、企业和个人相结合的养老保险体系。

其次,立足实际,探索具有农村特色的养老模式。这里首先要做的就是完善农村社会养老保险制度,政府应承担更多的义务。比如可以考虑按照"低水平、广覆盖"的原则,设计农村社会养老保险标准,可以把支付养老保险金的年龄推迟到65岁。资金应以各级政府财政拨款为主,以个人缴纳为辅,在农村集体经济发展好的地区,可以由集体实行补助。同时引导农民进行养老保险储蓄,比如建立政府和农民共同出资的"农村千元养老年金制度"。另外还要发挥土地养老的保障作用,可以实施退回承包地以换取"年金"计划,解决部分农村老年人特别是"留守老人"的养老问题。

3. 培育与老龄化社会相适应的产业和服务体系

一方面,鼓励和支持社会力量进军养老市场。我国的社会福利服务体系目前并不十分健全,而传统的家庭养老服务功能正在逐步弱化。因此,鼓励和支持社会福利机构的发展,有利于较快地增加福利服务设施的数量,扩大福利事业的覆盖面,这对于有效缓解人口老龄化进程所带来的日益突出的社会福利服务供需之间的矛盾。

另一方面,构建以社区为核心的多元化的养老服务体系。为加快构建配套服务体系,开发老年人消费市场,主要应构筑三条社区服务链:一是社区家政物业生活服务链,为一般老人提供生活照料等经常性的生活服务;二是社区医疗护理健康服务链,社区要以上门服务为主,开展常见病和多发病的诊疗、专业护理、预防保健、康复服务等活动,使生病的老人得到精心的医治和护理;三是社区文化教育心理服务链,比如通过娱乐健身活动、科普宣传活动、心理咨询活动等为老年人提供心理关怀和精神慰藉。

4. 调整现行生育政策,避免生育率过低

根据发达国家的经验,生育率越低,未来人口老龄化问题就越严重,政府要面临的挑战和压力也越大,维持适当的生育率对于缓解人口老龄化的问题具有重要意义。

总之,协调好人口自身再生产内部的数量与结构的关系,是我们尽可能避免或缓解未来人口年龄结构迅速老化对我国社会经济可持续发展产生消极影响的前提条件。

第三节 我国政府对老年人心理健康问题的重视程度增强

我国政府一向高度重视和积极解决人口老龄化问题,积极发展老龄事业,已初步形成了政府主导、社会参与、全民关怀的养老工作格局。国家于1999年成立了全国老龄工作委员会,专门主管全国老龄工作的议事协调,确定了老龄工作的目标、任务和基本政策,将老龄事业明确纳入经济社会发展的总体规划和可持续发展战略之中。

2002年,多部委联合颁布的《中国精神卫生工作规划(2002—2010年)》中将老年人纳入精神卫生工作的重点群体,表明政府已经开始重视老年人的心理健康需求,并着手进一步推动老年人心理服务。2006年,卫生部公布了《城市社区卫生服务机构管理办法(试行)》,其中明文规定健康教育、老年保健等应当成为社区卫生服务机构的公共卫生服务任务。

此外,我国也出台了《中华人民共和国老年人权益保障法》(以下简称《老年人权益保障法》),并且在2017年制定了《"十三五"国家老龄事业发展和养老体系建设规划》。这些重要的法律和法规中对于发展老年心理服务有着明确的规定和阐述,具体如下。

一、制定《老年人权益保障法》

《老年人权益保障法》中提到:国家和社会应当采取措施,健全保障老年人权益的各项制度,逐步改善保障老年人的生活、健康、安全及参与社会发展的条件,实现老有所养、老有所医、老有所为、老有所学、老有所乐。这关于"五个老有"的规定,是对老年人生活需求的高度概括,被称作"具有中国特色的社会主义养老形式"。微观上,力求老有所养、老有所医。国家着力构建社会养老保障体系,从制度上解决老年人的养老保障和医疗保障。与此同时,努力构建"以居家养老为基础、社区照顾为依托、机构养老为补充"的养老服务体系,走出一条有中国特色的养老服务之路。

2012年6月26日首次提请全国人大常委会审议的《老年人权益保障法(修订草案)》备受舆论关注。该修订草案已于2012年12月28日通过,并于2013年7月1日起施行。修订后的《老年人权益保障法》有以下几大亮点。

(一)强调家庭的义务

《老年人权益保障法》规定了家庭成员对老年人具有心理抚慰义务。老年人为社会辛勤劳动,贡献毕生的精力,为子女操劳一生,为家庭做出贡献。在他们年老体弱时,在他们丧失劳动能力时,理应得到社会和子孙们的尊敬、关怀,给予生活上的帮助,使他们安度晚年,这既是社会的职责,也是家庭的义务。

第十八条规定,家庭成员应当关心老年人的精神需求,不得忽视、冷落老年人。与老年人分开居住的家庭成员应当经常看望或者问候老年人。用人单位应当按照有关规定保障赡养人探亲休假的权利。

第二十七条规定,国家应建立健全家庭养老支持政策,鼓励家庭成员与老年人共同生活或者就近居住,为老年人随配偶或者赡养人迁徙提供条件,为家庭成员照料老年人提供帮助。

(二)加强对老年人心理服务和精神文化生活

1. 鼓励和支持老年人心理服务机构的创建

第三十七条规定,地方各级人民政府和有关部门应当采取措施,发展城乡社区养老服务,鼓励、支持专业服务机构及其他组织和个人,为居家的老年人提供生活照料、紧急救援、医疗护理、精神慰藉、心理咨询等多种形式的服务。对于经济有困难的老年人,地方各级人民政府应当逐步给予养老服务补贴。

2. 加强老年群体的精神文化生活建设

第三十八条规定,地方各级人民政府和有关部门、基层群众性自治组织,应当将养老服务设施纳入社区配套建设规划,逐步建立适应老年人需要的生活服务、文化体育活动、日间照料、疾病护理与康复等服务设施和网点,就近为老年人提供服务。发扬邻里互助的传统,提倡邻里间关心、帮助有困难的老年人。鼓励慈善组织、志愿者为老年人服务。倡导老年人互助服务。

(三)对老年人进行健康教育

完善医疗卫生服务,保障老年人享受基本公共卫生服务,并规定加强老年医学研究,针对老年群体进行身心健康教育。

第四十九条规定,各级人民政府和有关部门应当将老年医疗卫生服务纳入城乡医疗卫生服务规划,将老年人健康管理和常见病预防等纳入国家基本公共卫生服务项目。鼓励为老年人提供保健、护理、临终关怀等服务。国家鼓励医疗机构开设针对老年病的专科或者门诊。医疗卫生机构应当开展老年人的健康服务和疾病防治工作。

第五十条规定,国家应采取措施,加强老年医学的研究和人才培养,提高老年病的预防、治疗、科研水平,促进老年病的早期发现、诊断和治疗。国家和社会采取措施,开展各种形式的健康教育,普及老年保健知识,增强老年人自我保健意识。

二、制定《"十三五"国家老龄事业发展和养老体系建设规划》

在《中国老龄事业发展"十二五"规划》取得突出成就之后,为积极开展应对人口老龄化行动,推动老龄事业全面协调可持续发展,健全养老体系,根据《中华人民共和国老年人权益保障法》和《中华人民共和国国民经济和社会发展第十三个五年规划纲要》,国务院制定了《"十三五"国家老龄事业发展和养老体系建设规划》(下文简称《规划》)。

在"十三五"期间,我国老龄事业发展的总体目标是:到2020年,老龄事业发展整体水平明显提升,养老体系更加健全完善,及时应对、科学应对、综合应对人口老龄化的社会基础更加牢固。[1]

同时,《规划》还对各项具体任务进行了详细说明,其中涉及老年人心理健康的内容有以下几个方面。

第一,加强老年人体育健身。身体健康是心理健康的基础。应该结合贯彻落实全民健身计划,依托公园、广场、绿地等公共设施及旧厂房、

---

[1] 国务院.国务院关于印发《"十三五"国家老龄事业发展和养老体系建设规划》的通知[EB/OL].中华人民共和国中央人民政府网.

仓库、老旧商业设施等城市空置场所,建设适合老年人体育健身的场地设施,广泛开展老年人康复健身体育活动。支持乡镇(街道)综合文化站建设体育健身场地,配备适合老年人的设施和器材。支持公共和民办体育设施向老年人免费或优惠开放。加强老年人体育健身方法和项目研究,分层分类引导老年运动项目发展。继续举办全国老年人体育健身大会。鼓励发展老年人体育组织,城乡社区普遍建立老年人健身活动站点和体育团队。

第二,加强老年人健康教育和疾病预防。开展老年人健康教育,促进健康老龄化理念和医疗保健知识宣传普及进社区、进家庭,增强老年人的自我保健意识和能力。加强对老年人健康生活方式和健身活动指导,提升老年人健康素养水平。基层医疗卫生机构为辖区内65周岁以上老年人普遍建立健康档案,开展健康管理服务。加强对老年人心脑血管疾病、糖尿病、恶性肿瘤、呼吸系统疾病、口腔疾病等常见病、慢性病的健康指导、综合干预。指导老年人合理用药,减少不合理用药危害。研究推广老年病防治适宜技术,及时发现健康风险因素,促进老年病早发现、早诊断、早治疗。面向老年人开展中医药健康管理服务项目。加强老年严重精神障碍患者的社区管理和康复服务。

第三,发展老年医疗与康复护理服务。加强老年康复医院、护理院、临终关怀机构和综合医院老年病科建设。有条件的地区可将部分公立医院转为康复、护理等机构。提高基层医疗卫生机构康复护理床位占比,积极开展家庭医生签约服务,为老年人提供连续的健康管理和医疗服务。到2020年,35%以上的二级以上综合医院设立老年病科。落实老年人医疗服务优待政策,为老年人特别是高龄、重病、残疾、失能老年人就医提供便利服务。鼓励各级医疗卫生机构和医务工作志愿者为老年人开展义诊。加强康复医师、康复治疗师、康复辅助器具配置人才培养,广泛开展偏瘫肢体综合训练、认知感觉功能康复训练等老年康复护理服务。

第四,丰富老年人的精神文化生活。丰富老年人的精神文化生活需从以下几个方面入手。

首先,要大力发展老年教育,要扩大老年教育资源供给,拓展老年教育发展路径,加强老年教育支持服务,让老年人依然可以有学习进步的机会。

其次,要对老年文化多加重视。完善覆盖城乡的公共文化设施网络,在基层公共文化设施内开辟适宜老年人的文化娱乐活动场所,增加适合老年人的特色文化服务项目。推动公共文化服务设施向老年人免费或优惠开放,为老年人开展文化活动提供便利。文化信息资源共享、农村电影放映、农家书屋等重大文化惠民工程增加面向老年人的服务内容和资源。

广泛开展群众性老年文化活动,培育老年文化活动品牌。鼓励创作发行老年人喜闻乐见的图书、报刊以及影视剧、戏剧、广播剧等文艺作品。鼓励制作适合微博、微信、手机客户端等新媒体传播的优秀老年文化作品。加强数字图书馆建设,拓展面向老年人的数字资源服务。加强专业人才和业余爱好者相结合的老年文化队伍建设。

  最后,要加强对老年人的精神关爱。健全对老年人的精神关爱、心理疏导、危机干预服务网络,督促家庭成员加强对老年人的情感关怀和心理沟通;依托专业精神卫生机构和社会工作服务机构、专业心理工作者和社会工作者开展老年人心理健康服务试点,为老年人提供心理关怀和精神关爱;支持企事业单位、社会组织、志愿者等社会力量开展形式多样的老年人关爱活动。鼓励支持城乡社区对老年人的精神关爱提供活动场地、工作条件等。

第二章 老年人的感知觉特点与认知功能的变化

人在日常生活中的一切信息都是通过视、听、嗅、触等感知觉获得的,因此,感知觉一直是心理学研究的一个重要领域。由于年龄的增长,人的生理机能会不同程度地出现退行性变化,使得感知觉具有年龄特点。掌握老年人感知觉的特点与变化规律,不仅可以让我们为老年人创造更有利的感知条件,还可以采取相应措施延缓衰老。此外,老年人常常有精力衰退、记忆力减退、注意力难以集中、说话啰唆重复等变化。比如看书、看报时间长了会觉得头晕眼花,明明把老花镜架在额头上却还四处找,刚刚用钥匙开了门就不知道把钥匙放在哪里了……诸如此类的变化,都是老年人认知功能衰退的结果。了解老年人认知功能退化的特点,知道如何应对这些变化对维护老年人的心理健康十分重要。本章即从老年人的感知觉和认知功能两方面入手,研究如何更好地关爱老年人的心理健康。

第一节 老年人的感知觉特点

感知觉一直是心理学研究的一个重要领域。感觉是人们对客观事物的个别属性(光线、声音、气味、软硬和冷热等)的反映;知觉则是人们根据生活经验,把各种感觉提供的信息综合起来,对物体整体的反映(认出来这是梨那是桃,这个物体离得近那个离得远等)。感觉和知觉虽然是比较初级的心理活动,却是高级复杂心理活动的基础。总体来看,人到老年,由于感觉器官的功能衰退,导致感知觉发生退行性变化,这也是老年人感知觉的最显著特征。老年人的感知觉特点主要表现在以下几方面。

第二章　老年人的感知觉特点与认知功能的变化

一、视觉功能逐渐下降

视觉是人类和其他动物最为复杂、高度发展并重要的感觉。视觉好的动物对环境精细的识别能力是其独特的进化优势,因此视觉在人类的各种感觉系统中占有首屈一指的地位,通常认为人从外界获得的信息约80%是从视觉获得的。对于老年人来说,视觉也是他们获得信息的一种主要方式,但是由于年龄因素的作用,老年人视力的退行性变化是非常明显的,但这种变化的个体差异很大。有些人还在中年时期或在老年前期,就出现了老花眼现象,但也有少数人六七十岁以后,读书、写字也不需戴老花镜,当然这种人为数不多。这些都是老年人视觉退化的表现,具体来看,老年人的视觉会发生以下几方面的退化。

（一）眼睛的生理性衰退

（1）下眼睑变得松弛而下垂,同时由于脂肪沉积并伴有水分潴留而使局部出现肿胀。有的老年人上眼睑下垂甚至会妨碍视力,脂肪减少又造成了眼球凹陷,80岁以后这种情况更为明显。

（2）角膜开始失去光泽,表面聚集了一些混浊的流质,外周开始有了灰圈,其曲度逐渐变小变厚,折射光线的能力变差,开始出现散光。

（3）看清小物体的能力下降;迅速调节远视、近视的能力下降;分辨远近物体相对距离的能力下降;对波长较短的颜色不敏感,难以识别蓝、绿、紫等颜色;对强光特别敏感;视野缩小。

（4）眼内的水晶体和玻璃体由于色素沉着或脂肪沉积,变得混浊发黄,阻碍了光线的传递,使投射到视网膜上的光线减少,视觉能力下降。与此同时,调节水晶体曲度的睫状肌逐渐萎缩衰老,收缩性能减弱。

（5）视网膜的一些视觉感受细胞会逐渐凋亡,使得视网膜对光的感受性减弱,人们很难看清楚物体的细节,对物体颜色的感知也减弱了。多数人50岁以后视力逐渐下降,如果年轻时视力是1.5,到50～60岁时下降到1.0,到90岁高龄时视力仅有0.35左右。

（二）视觉信息加工过程发生了改变

研究表明,随着年龄的增长,我们的视觉编码速度呈下降趋势。例如,老年人判断两个闪光点之间的时间间隔明显长于年轻人。同样,视觉搜索策略效率会随着年龄的增长而降低,而且缺乏系统性和完整性。这种改变最早出现在30岁,然后一直持续到生命结束。另外,老年人的注意分配能力明显下降。也就是说,老年人同时注意几个目标的能力会下降。

(三)视觉差错提高

45岁以后,人体通过视觉辨别空间物体的远近、大小或相对位置的能力会逐渐下降。随着年龄的增长,这种能力下降的速度也越来越明显。由于空间辨别能力的降低,偶尔会导致老年人动作上的失误。例如,老年人想将手中茶杯放到桌上,由于深度视知觉差错,杯子在没有放到桌上但误认为已放在桌上了,以致脱手将杯子摔落在地上。又如,老年人上下楼梯时,常常因为对楼梯空间位置判断不准而摔倒。这些问题的产生都与老年人视觉中枢发生退化相关。

(四)老年性眼疾的发生概率增加

一般来说,最常见的老年性眼病有老年性白内障、青光眼、老年性黄斑变性等。老年性白内障,又称年龄相关性白内障,是指中老年开始发生的晶状体混浊,常表现为双眼渐进性、无痛性视力下降,早期可有眼前固定黑点,单眼复视或多视。当晶状体混浊范围渐渐扩大后,视力下降便会越来越严重。现在白内障复明手术技术已经非常先进,只要白内障患者感到视力下降影响了生活和工作,就可以通过手术重新恢复清晰的视力。青光眼俗称青眼,是眼内压调整功能发生障碍使眼压异常升高,导致视觉功能障碍,并伴有视网膜形态学变化的疾病,因瞳孔多少带有青绿色,故有此名。青光眼是老年人特别是老年女性较常见的疾病,也是致盲的重要原因。我国随着人口老龄化,老年人青光眼的发病率有逐渐增高的趋势。老年性黄斑变性为慢性进行性的眼底病之一,是目前欧美国家老年人最主要的致盲疾病之一,被称为眼睛的隐形杀手。这个病发初期视物模糊,眼前出现黑影,视物弯曲,视物变色,视力渐进性下降。当黄斑出血时可使老年人视力骤然下降,最终可能导致其失明。

(五)暗适应能力减弱

所谓的暗适应就是从亮处刚进入暗处的时候会发现很难辨别周围的物体,但是经过一段时间的适应后会发现周围的事物才会变得更加清晰,这个过程就是暗适应。研究发现,视网膜上的视杆细胞和视锥细胞都参与暗适应过程。在暗适应的最初阶段,感觉阈限骤降,而感受性骤升。在这以后,暗适应曲线改变方向,感受性继续上升,出现所谓的杆锥裂。一般来说,人体的暗适应过程会随着年龄的增长发生变化,图2-1就是这种

第二章　老年人的感知觉特点与认知功能的变化

变化的展示。从这个图我们可以发现,老年人的暗适应过程更加缓慢,发生杆锥裂的时间更长,也就是说要想达到同样的视觉感受性,老年人需要的暗适应时间更长,并且经过暗适应后老年人的视觉感受性也比年轻人更低。

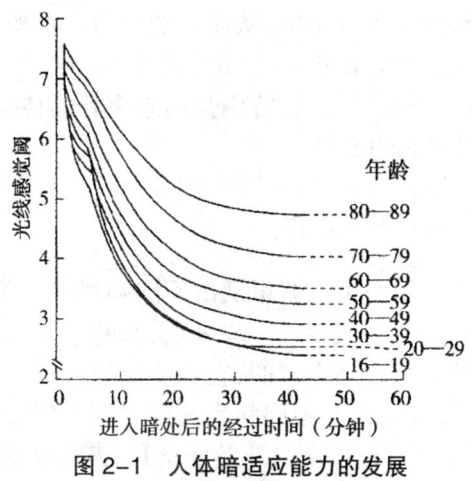

图 2-1　人体暗适应能力的发展

二、听觉功能的减弱

与视觉缺陷相比,有听力障碍的老年人数量更多。据统计,20～30岁的时候有1.6%的人有严重的听觉障碍,70～80岁时这个比例为32%,80岁以上超过50%。我国对老年人体检后发现,63.6%的老年人有听力减弱现象。[①] 这些数据充分说明,老年人的听觉能力也在逐渐减弱。老年人听觉能力的衰退主要表现在以下几方面。

（一）出现耳聋或耳背的概率大幅度增加

常常有这样一种现象:有些老年人接电话时需要对方重复几遍才能听清楚说的是什么话;老年人走在马路上对来往车辆按的喇叭声听起来仿佛是很远地方传过来似的,这种情况就属于耳聋或耳背。导致老年人耳聋或耳背的原因有很多,从生理层面来说,一个人在30～40岁时就有高音频听力障碍,但是由于不明显而容易被忽略。50～60岁时听力障碍被自我感知。到65岁差不多有一半人听觉减退。70岁的老人对8000赫兹的纯音丧失60分贝,对2000赫兹的纯音丧失10分贝。有些老年人虽然并未感到自己已有耳背的情况,但事实上已经听不清手表的

---

① 高云鹏,胡军生,肖健.老年心理学[M].北京:北京大学出版社,2013:38.

"嘀嗒、嘀嗒"之声,因为这属于频率较高的声音,这也意味他的听力实际上已经减退。一项早期的研究表明,人在40岁以后,听力上限每半年要降低80赫兹[①]。在同是6 000赫兹的声波频率下,65岁的老年人要把声音调高40分贝,才能听到同样的声响。此外,老年人的皮肤分泌功能的减退,使耳垢变得很硬,难以排出,从而影响听力。再加上老年人的听骨系统常发生中度以上的关节炎,使关节活动变窄,关节腔逐渐为钙化沉积物填充,从而影响了声音的传送,特别是高频声音的传送,这些都会导致老年人耳聋或耳背问题的出现。

(二)声音辨别能力发生变化

声音的辨别能力指的是能够识别出不同频率声音差别的能力,即能够识别出音高微小变化的能力。一般来说,判断一个人对声音的辨别能力是通过声音的差别阈限来实现的,它是能够使人区分出两个声音音高的最小差值。图2-2展示的是不同频率的声音随着年龄变化的差别阈限值。根据该图我们可以发现,随着年龄的增长,声音频率的差别阈限值也越来越大,也就是说老年人相比年轻人只有在两个声音频率相差更大时才能分辨出它们的差别。并且高频率的声音比低频率的声音的差别阈限值的变化更大,如图2-2,人在65岁时对频率为4 000赫兹的声音只有在频率相差90赫兹的时候才能分辨出它们的差别,而频率为1 000赫兹的声音频率相差不到10赫兹时就能分辨出其差别。

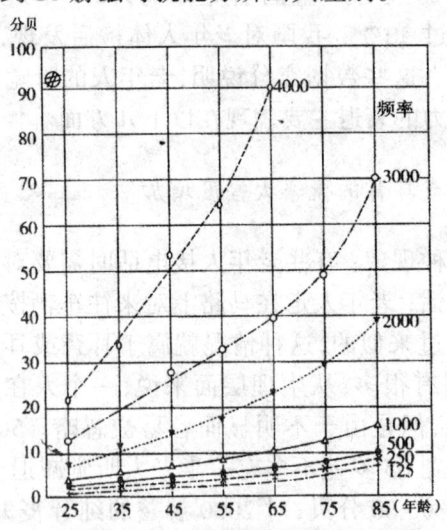

图2-2 不同频率的声音随着年龄变化的差别阈限值

---

① 彭聃龄.普通心理学(第4版)[M].北京:北京师范大学出版社,2012:132.

(三)对言语的理解能力下降

研究表明,老年人对普通话言语的接受阈限随年龄的增加而升高,对语言辨别的正确率自 50 岁以后明显下降,到了 80 岁可下降至 25%。为了能够更好模拟自然环境下老年人的听力状况,心理学家在噪音环境下对老年人的言语辨别能力进行测试,结果发现噪音环境下的言语理解力随着年龄增高而降低,并且当噪音增强时老年人言语理解能力受到的影响更大。例如,噪音比较弱,年轻人对句子的正确理解度为 90%,70 岁的老年人的正确理解度为 84%;提高噪音水平,年轻人对言语理解的正确率为 70%,70 岁老年人的正确率仅为 5%。在以上的研究结果和实际生活当中我们能够观察到的老年人经常出现"耳背"和"打岔"等现象。这些变化除了听觉系统老化的影响外,老年人大脑语言区功能的变化也是非常重要的原因。一项研究分析了 16 名 65~75 岁的老年人在不同背景噪音强度下进行音节分辨时的大脑活动,发现老年人在噪音环境下理解他人的言语时会更多地依赖与发音相关的言语运动脑区,与此同时会采用一种预测性加工策略。[1]

三、味觉功能的减退

在现实生活中,我们常常可以听到老年人抱怨吃饭不香,即使品尝山珍海味时也感到滋味不如从前,甚至感到味同嚼蜡。为了能够感觉到食物的滋味,有些老年人在烹饪菜肴时放入了越来越多的盐,殊不知这样一来,只会对老年人的心血管和脑血管带来极大的危害,而丝毫无补口中滋味。这些现象都说明老年人的味觉功能在减退,具体来说表现在以下几方面。

(一)味蕾细胞减少

味蕾是人体感受味道的器官,它分布在舌、腭、咽和喉部,但大多数味蕾分布在舌的表面,一簇一簇地排列在舌头表面的乳突周围。在显微镜下可以看到,每个味蕾大约由 40 个呈梭形的味觉细胞组成,这些细胞顶端有纤毛,从味孔中伸出,暴露于舌的表面,可以与食物直接接触,是

---

[1] Du Y, Buchsbaum B, Grady C, Alain C. Increased Activity in Frontal Motor Cortex Compensates Impaired Speech Perception in Older Adults[J]. Nature Communications, 2016 (7)

味觉感受的关键部分。研究资料显示,小孩子舌头上的味蕾细胞最多。随着年龄的增长,味蕾细胞从舌前部开始向舌后部逐渐减少。人们到了30~40岁时味蕾细胞数量比20多岁时要减少1/5,味蕾同时也从舌中心向舌头四周减少。到了60岁,在舌前部2/3的地方几乎不存在味蕾了,仅在舌后部1/3的地方尚存少数味蕾,而到了70~80岁时,味蕾细胞的数量又比30~40岁时要减少1/2。这是味蕾变化的一般规律,也是老年人味觉变化的一大特征。

(二)对食物的辨别能力发生改变

尽管我们能够尝到食物的味道是多种多样的,但是味觉的感觉要素基本上可以分为甜、酸、苦、咸四种,其他所能感觉到的味道都是这四种基本味道适当混合而产生的。人类的舌表面分布着感受不同味觉的味蕾,能够辨别咸、甜、苦、酸四种不同的味觉。如果老年人在饭菜中要加入更多的盐才能品尝到咸味,这表明老年人咸味的绝对阈限提高了,这种现象也会使得他们对食物的辨别能力有所下降。此外,国外学者席夫曼曾做过这样一个实验,将27名大学生和27名老年人对水果、蔬菜、干果、肉类、乳类、谷物等31种食物的味觉辨别能力进行了对比研究。结果发现,老年人除对马铃薯和西红柿的味觉鉴别力略低于年轻人外,其他29种食物的鉴别没有显著性年龄差异。但也发现,老年人善于鉴别咸味,年轻人对咖啡最敏感。另外,还有一些研究也表明,老年人的味觉多样性也会随年龄的增长而降低,年轻人可以同时辨别出食物中的多种味道,而老年人则只能辨别其中的某几种味道。老年人的这些特点与其味觉感受系统的结构变化有关。

四、嗅觉功能的衰退

嗅觉在人的各种感觉中提供的信息虽然并不像视觉和听觉那样丰富,但是对人依然是具有重要作用的。有关嗅觉的研究结果发现,人类嗅觉的最佳时期是20~40岁,50岁以后出现轻微的衰退,70岁以后出现显著的衰退。在65~80岁的被试人中,大约有60%的人嗅觉严重衰退,大约25%的人完全丧失嗅觉能力,这说明,老年人的嗅觉也在不断衰退。老年人嗅觉能力的下降,给老年人的生活带来了诸多不便,比如对酸的味道不敏感,就不容易辨别变酸的变质食品;再如,抽烟的老人不小心烧着了衣服,但往往闻不出焦味,直到烧灼皮肤才猛然发觉已闯祸了。当然老年人可以根据自己丰富的生活经验,依靠一些辅助信息,来弥补嗅觉功能下降的不足。比如,根据对食品的颜色、湿度、外形、松软程度等辅助信息的判断来鉴别食品的品种、质量、味道。

老年人嗅觉的衰退和嗅觉细胞的萎缩和减少有关,鼻黏膜的干燥使得刺激颗粒不能得到充分溶解,各种鼻内的病变引起的鼻腔阻塞无法让刺激颗粒和鼻黏膜很好地接触,以及嗅神经和大脑皮层掌管嗅觉的高级中枢神经的退化有关。

由于嗅觉功能的衰退,老年人对各种气味的辨别能力也在逐渐减弱。美国科学家调查结果显示,从70岁开始,人的嗅觉能力随年龄的增长而下降。50～60岁的老年被试能像年轻人那样辨别出一些气味,但他们命名气味的正确率较低。此外,虽然在天然气里加入一些难闻的气味,以便天然气泄漏时人们容易察觉,但调查结果表明,老年人很难觉察出这种气味。这就意味着,老年人面临天然气中毒的危险性很大。

五、皮肤感受的改变

皮肤是人体最大的器官,随着年龄的增长,皮肤的结构也会发生改变。60岁的老人就可以看到其皮肤的张力和弹力下降,皮下脂肪脱失,致使前额、眼周围、口周围、面颊和颈部出现许多皱纹。一些棕色的老年斑和色素细胞也出现在手背、前臂和面部。

此外,伴随着老年人皮肤结构的变化,他们通过皮肤感受触、压、痛、温度等不同感觉的能力也会发生变化。研究发现,皮肤感受来源于皮肤内形态结构各异的感受小体或游离的神经末梢。有人发现,新生儿皮肤内的各种感受小体最多,并随年龄增长而逐渐减少。已知新生儿每平方毫米皮肤内含有100个感受小体,十多岁时则仅有50～60个感受小体,70岁时只剩10～20个感受小体。在数量减少的同时,老年人皮肤的感受力也会下降。例如,55岁之前人的触觉基本上没有随着年龄增长而变化,而55岁以后人的触觉便明显地迟钝起来。这种迟钝一方面表现在引起触觉的最小刺激强度,即触觉的绝对感觉阈限随着年龄增长的提高,另一方面表现在对较快的连续施加于皮肤上的刺激,而无法正确地分辨出施加刺激的次数。但是这种触觉感受性的下降在身体的各个部位并不是同步的,经常接受触觉刺激的部位(例如手指尖)比不经常接受触觉刺激的部位(例如脚趾)触觉感受性下降得更慢。又如,随着年龄的增长,老年人的温度感觉变得迟钝,甚至有些皮肤区域的温度感觉几乎消失。高龄的老人不但对体外环境温度的敏感度降低,同时对自己身体温度变化的敏感度也在降低。所以很多高龄老人体温过低或过高的时候他们都不能觉察到,这是非常危险的。而当体外温度骤然变化的时候,老年人也不能迅速地做出反映,因而容易出现意外。

总之,随着年龄的增长,老年人的感觉系统退化,身体各项功能也会出现减退的现象,例如,一些老年人由于味觉明显减退,口腔内往往有异味的感觉,唾液分泌减少,酸度也发生变化,造成食欲减退,食物的消化、吸收不充分,从而使整个机体功能减退,加速其他感觉系统的老化进程。但是,随着社会的进步和生活水平的提高,老年人的感觉系统退化和功能减退的现象,和几十年以前相比大不一样了。过去的人到五六十岁以后就表现出老态龙钟的现象,现在五六十岁的老人身体依然非常健壮,只有到八九十岁的高龄老人,才表现出一些感知觉老化的现象,因此老年人应积极锻炼身体,以延缓老化的进程。

第二节 老年人认知功能的老化

认知功能是指人脑加工、储存和提取信息的能力,包括感知觉、注意、记忆、思维等能力[1],而认知功能老化是指上述几项认知功能中的一项或多项受损,并影响个体在日常生活中的记忆、学习以及决策能力。从大量研究及日常生活的观察中可以发现,老年人的认知活动,尤其是感知觉和记忆能力会呈现下降趋势,其他一些高级的认知功能,如思维、推理等却不能一概而论地认为下降了,这就是老年人认知功能老化的表现。而认知功能若老化严重,通常意味着老年人无法自我照料,亟需家庭其他成员和社会资源的介入。具体来看,老年人认知功能的老化主要体现在感觉、知觉、反应速度、记忆、智力、思维和语言等方面,感知觉老化在上一节已经分析过,思维和语言会在下一章分析,因此,这里主要从反应速度、记忆、智力方面的老化予以分析。

一、反应速度的退化

随着年龄的增长,人们信息搜索和提取的速度降低,建立新旧信息关联的时间延长。作为各种认知活动的基础,反应速度的老化也是必

---

[1] An R. Liu G G. Cognitive Impairment and Mortality among the Oldest-Old Chinese[J]. International Journal Geritar Psychiatry, 2016, 31 (12): 1345-1353.

然的。

对于老年人来说,受年龄变化影响最大的是加工速度和工作记忆容量等主要成分,从事有速度要求的智力活动时,老年人的能力明显低于年轻人,但是从事没有速度要求的智力活动时,老年人和年轻人的能力差异并不显著。例如,申继亮等人的追踪研究结果显示,从50～59岁组到70～79岁组,在主要考察加工速度的图形匹配任务上,随年龄增长,成绩提高的人数百分比下降,而成绩降低的人数百分比有所提升。[1] 这说明,随年龄的增长属于流体智力的加工速度会有所下降。这种反应速度随年龄的增长而变慢的现象非常广泛,在范围甚广的众多任务中,只要对老年人和年轻人的反应速度进行比较,就可以发现老年人的反应速度都是明显低于年轻人的。造成这种现象的原因是随着年龄的增长,人体神经元传送信息的速度会逐渐衰退,如大量的神经元联结的衰竭,神经递质效率的降低,以及神经噪声的增加等都会造成反应速度的降低。

二、记忆力的减弱

记忆是指一个人感知或经历过的事物的印象在脑内的识记、保持及恢复的一种心理过程。老年人随年龄的增长而记忆力减退,无论是在现实生活中,还是在影视、文学作品中,我们总能看到一些老年人经常忘记自己把东西放在了哪里,出门忘记带钥匙,严重的甚至会忘记自己家的地址。这些都是老年人记忆力减弱的表现。我们知道,记忆会随着年龄的增长而变化,但是这种变化不是简单的变化,而是一个复杂的过程。对于低文化水平的老年人,年龄越高,抽象能力和执行功能越差。各维度的年龄发展轨迹结果显示,抽象和命名能力是所有认知功能中最稳定的;执行功能在所有认知功能中衰退速度最快;其次是延迟回忆。高文化水平的老年人,其抽象能力和语言能力、注意力都相对高于同龄阶段的低文化老年人。因此,文化程度是一种保护性因素,[2] 文化程度高,能够降低老年人认知老化的速度。

一般说来,正常的记忆老化可能会体现在以下几个方面。

---

[1] 申继亮,陈勃,王大华.成人期基本认知能力的发展状况研究[J].心理学报,2000(1).
[2] Hu X, Qiu C, Zeng Y, et al. Leisure Activities, Education and Cognitive Impairment in Chinese Older Adults: A Population-Based Longitudinal Study[J]. International Psychogeriatrics, 2017, 29(5):727-739.

(一)初级记忆与次级记忆

初级记忆通常储存刚刚看过或听过、当时在脑子里还有印象的事物,所以随年龄的增长减退较缓慢。而次级记忆则储存已看过或听过一段时间的事物,经过复述编码由短时储存转入长时记忆,需要使用的时候从记忆中提取,这种记忆保持时间更长。就老年人的记忆特点来看,在初级记忆方面老年人一般保持较好,与年轻人的差异不明显。而在次级记忆上,老年人倾向于以较自动化、概括化的方式进行信息编码,由于缺乏丰富的特异性信息,所以记忆效果明显低于年轻人。不仅如此,从提取过程来看,较信息还存在于意识里的初级记忆而言,次级记忆的提取也更为困难。

(二)意义记忆与机械记忆

意义记忆就是指根据记忆内容的逻辑联系和内在联系,或者采用赋予记忆内容一定的意义等方式来记忆某些东西。通常,这样的记忆内容是一些重要的事情或与自己的某些经历有关的内容。机械记忆是指记忆一些以前完全不知道或没经历过的事情,也不会采用赋予一定意义的记忆方式,而是通过简单的机械重复来记住这些东西。在大多数情况下,老年人的意义记忆比机械记忆减退要慢。研究证明,老年人的意义记忆减退出现较晚,一般到六七十岁才有减退。相反,老年人对于需要死记硬背、无关联的内容很难记住。老年人的机械记忆减退较多,出现减退较早,四十多岁已开始减退,六七十岁减退已很明显。这就提示我们,对于老年人而言,要多讲一些言之有理、言之有据的具体事项,来帮助他们记忆。

(三)再认与回忆

不同的记忆测验所选择的提取方式是不同的,通常包括再认和回忆。再认是指对于看过、听到过的事物再次呈现在眼前时,能立即辨认出是自己曾经感知过的;而回忆是过去经历过的事物以形象或概念的形式在头脑中重新出现的过程。[1]老年人再认能力明显比回忆能力好。再认是辨认出曾经看过、听过或学过的事物;而回忆是刺激物不在眼前而要求再现出来,是要自主生成的,其难度大于再认,需要耗费更多的认知努力才能完成,因此回忆的年龄差异大于再认的年龄差异。

---

[1] 彭聃龄.普通心理学(第4版)[M].北京:北京师范大学出版社,2012:265.

（四）记忆广度与速度

有学者用数字记忆广度测验法测量老年人的记忆广度。结果表明，老年人的记忆广度呈下降趋势。由于神经生理反应随年龄而减缓，老年人的心理活动速度也会减缓。老年人对于在短时间内记住某些东西常常感到非常困难，因此，和老年人讲话要多说几遍，帮助其记忆，这也是有道理的。

造成老年人记忆广度与记忆速度下降的原因一方面在于中枢神经系统的机能老化。老年人从感知信息、信息编码到信息提取，整个记忆过程需要的时间都变长，导致记忆加工过程的速度变慢，进而导致老年人在同样的时间内，记忆的东西较年轻人差距甚大。另一方面也与老年人工作记忆的容量变小相关，人在感知到事物后，首先需要经过工作记忆的加工，然后过滤掉大部分信息，剩有小部分信息进入到长时记忆而储存在大脑中。研究发现，成年以后人的工作记忆会随着年龄的增长而下降。老年人的工作记忆能力下降，不但影响到短时记忆，也会影响到长时记忆，这对老年人的记忆力影响非常大。此外，注意力持续和分配能力的下降也是造成老年人记忆力减退的重要原因之一。要记住一个东西，必须先注意这个东西，然后再采用各种记忆策略去记住它。然而随着年龄的增长，老年人的注意能力明显下降。老年人很难长时间将注意力集中在某一个事物上，也就是说老年人的注意持续性会降低。

三、智力的变化

智力是指人的各种基本能力的综合。老年人的智力是老年人的各种基本能力的综合，包括老年人的观察力、注意力、记忆力、想象力和思维力等，其核心是老年人的抽象思维能力和创造性解决问题的能力。在老年时期，由于个体神经系统变化主要是脑组织逐渐萎缩，脑重量减轻，体积变小，引起老年人智力的变化。具体来看，老年人智力的变化主要体现在液态智力下降、晶态智力提高上面。

所谓液态智力，是指同人们对图形、物体、空间关系的感知、记忆等形象思维能力有关的智力；而晶态智力是指同人们对语言、文字、观念、逻辑推理等抽象思维能力有关的智力。

液态智力主要与大脑、神经系统、感觉和运动器官的生理结构和功能有关，例如记忆、注意、思维敏捷性和反应速度等。这种智力减退得较早，也较快，人一般在50岁以后就开始下降，60岁以后减退明显。而晶态智力主要是后天获得的,它与知识、文化、经验积累和领悟能力有关,例如知识、理解力等。由于老年人阅历广、经验多,这种智力易保持(甚至会增长),只在80岁以后才有明显减退。因此,倘若老年人不断地学习和思考,科学合理地用脑,其晶态智力水平还可以继续提高。人的液态智力与脑功能和神经系统的先天结构及特点密切相关,老年人脑和神经系统的老化是影响老年人液态智力衰退的重要因素。而晶态智力主要是与后天学得的知识、经验增长有关,老年人随着年龄的增长,阅历、知识和经验都比年轻和中年时更加丰富,从而有助于其知识的综合运用和判断推理,这些都极大地帮助老年人保持和提高晶态智力水平。

第三节 老年人认知功能变化的应对

我们不能使大脑完全不受年龄的影响,抗衰老研究表明,大脑可能比我们想象得更加灵活、可塑性更强,大脑的退化并非完全不可避免。因此,科学认识老年人的认知变化特点,根据其特点采取合理的方法延缓认知衰退,对维护老年人心理健康十分必要。具体可从以下几方面入手。

一、老年人认知功能变化的影响因素

总体来看,对老年人认知功能变化会产生影响的因素主要包括以下几方面。

(一)生物学因素

对老年人认知功能变化最显著的影响因素就是生物学因素,即随着年龄的增长,老年人的器官组织功能难免会有所下降,这些器官组织功能的下降自然也会导致老年人认知功能的老化。例如,随着年龄的增长,老年人的体力、精力都大大不如以前,日常生活能力也有所下降,使得老年人的活动范围缩小,与外界接触减少,大脑受到的外界刺激和所能接触到的信息量也会下降,造成大脑废用性衰退。在这一基础之上,认知功能的衰退又会给老年人的生活造成一定的麻烦和阻碍,比如约会记不清时间、买菜算不清账、认不清路等,加重了生活能力的衰退,从而形成恶性循环。

（二）生活因素

研究发现,经济、环境以及医疗保健的差异与认知功能的减退有关,经济生活条件好的个体,其生命早期大脑营养与发育较好,当高级皮质功能受到一定损害,功能下降时可供代偿的资源多,从而起到缓解认知衰退的作用。另外,经济生活条件较好的个体,往往生活比较丰富,能够较多地接触到丰富的信息刺激,帮助大脑保持一定的兴奋度和活动性,起到在一定程度上帮助缓解大脑功能退化的作用。此外,对身体保健有较高认知的老年人,在日常生活中也会时刻注意保养自己的身体,对于延缓认知功能的老化也会产生一定的作用。

（三）疾病因素

随着年龄的增长,老年人的生理机能会逐步下降,产生各种病症,这也是导致老年人认知功能变化的重要因素。例如,脑中风会引起脑内动脉狭窄、闭塞或破裂,从而造成急性脑血液循环障碍,导致患者发生认知功能减退。又如,糖尿病可能通过各种协同机制促进微血管病变,造成大脑皮质灌注降低,从而导致认知功能的衰退。再如,血脂升高会带来脑动脉硬化,进而影响老年人的认知功能。高血脂除加速动脉硬化外,也可能直接影响与认知功能有关的神经元,使其变性,从而导致认知功能障碍。

（四）社会心理因素

社会心理因素对老年人认知功能的影响主要体现在社会交往、应激和情绪等具体方面。研究表明,缺乏与朋友或者邻居交流、独自生活及没有可以信任的朋友的老年人,其认知功能衰退程度比其他老年人更明显。[1]个体拥有的社会关系越多,其社会网络规模越大,拥有较大社会网络规模的个体认知功能保持良好。[2]焦虑、抑郁、精神创伤、子女关系紧张、婚姻破裂等都会对老年人认知功能产生不良影响。个体被焦虑、恐惧

---

[1] Crooks VC, Lubben J, Petitti DB, et al. Social Network, Cognitive Function and Dementia Incidence among Elderly Women [J]. American Journal of Public Health, 2008, 98（7）：1221-1227.
[2] Fratiglioni L, Wang HX, Ericsson K, et al. Influence of Social Network on Occurrence of Dementia: A Community-Based Longitudinal Study[J]. Lancet, 2000, 355（9212）：1315-1319.

等负性情绪占据大部分认知资源会导致认知功能受限、记忆力下降。[1]长期处于消极情绪状态会加快老年人大脑的老化速度,导致认知功能快速下降。[2]能力的丧失、社会地位的丧失、人际关系的丧失很容易让老年人在消极情绪的阴影中无法走出,从而进一步加深悲观厌世、孤独抑郁的体验。对于老年人而言,这种负面体验,无论是在生活能力上还是在认知能力上,都会产生消极的影响。

二、增强脑力活动

关于脑力活动的研究显示,增加脑力活动可以提高中年以后的认知功能,换句话说,脑力活动可以抵消正常衰老的影响。例如,曾有研究者进行过一个 ACTIVE 计划(Advanced Cognitive Training for Independent & Vital Elderly,独立的有活力的老年人高级认知训练),将 2802 名 65 岁以上的老年人随机分配到非训练组(控制组)或三个训练组之一,即记忆组(情节记忆项目学习)、推理组、加工速度组,每周 2 次共 10 次训练。训练结束时对所有被试进行了以上三个认知领域的测验,此后每年再测一次。经过上述三个类型训练的被试,都在各自所训练的认知领域取得了操作改进,然而这些训练效果没有迁移到未训练的认知领域,说明积极进行脑力活动有助于增强老年人认知能力的发展,有助于减缓老年人认知能力的衰退。

基于这一认知,有人根据研究提出"健脑十常法",以保持大脑的灵活健康,其中包括:勤学好动;确保充足的睡眠;多读书,多背诵,增加记忆;善于把自己的情绪转入最佳状态;保持好奇心;经常活动手指;多结交比自己年龄小的各方面的朋友,使自己紧跟时代步伐,感染青春的活力;提防忧郁症,保持心情愉快;减缓动脉硬化,预防糖尿病;经常梳头(以防大脑退化)。此外,增加生活环境中的刺激也是帮助老年人保持认知功能的重要方法。这里的刺激当然不是指一些生活事件给老年人带来的冲击,而是指周围丰富的环境对大脑认知功能的激活。由于许多老年痴呆患者长期住在养老机构中或在家闭门不出,与外界接触较少,因此,如何对这些有限的活动场所进行布置是很关键的。合理地设计,适当地增加各类信息刺激,可以提高老年患者的注意力、思维力和感知能力,可

---

[1] Mackie DM, Worth LT. Cognitive Deficits and the Mediation of Positive Affect in Persuasion [J]. Journal of Personality and Social Psychology, 1989(6):27-40.
[2] 胡倩,刘飞彤,聂芳芳,等.正常中老年人负性情绪积累对认知能力的影响[J].中医学报,2016,31(8):1203-1205.

以说这是老年痴呆心理护理的一个非常重要的组成部分。

三、加强营养

生理是心理的物质基础,从食物中获取均衡的营养有助于老人保持健康的身体,抵抗各类身心疾病,同时也能在一定程度上延缓认知衰退的速度。近20年来,科学家发现了大量证据表明饮食和健康之间的关系,尽管有时候证据是相互冲突的,但是有一点是确定的:食物是重要的影响因素。抗氧化营养素(特别是维生素E)、鱼体内的ω-3脂肪酸和叶酸的积极作用,已经得到了很好的证明。

大脑像味蕾一样享受调料,如黑胡椒、肉桂、牛至、紫苏、香菜、姜和香草等,这些都富含抗氧化剂,可以帮助开发脑力。科学家尤其对姜黄素感兴趣,姜黄素的活性成分在印度咖喱里很常见。印度人阿尔兹海默病的发病率较低,有一种理论认为是姜黄素的作用。阿尔兹海默病患者的大脑中有淀粉样斑块积聚,研究表明,姜黄素能减少淀粉样斑块,降低炎症的水平。有研究也发现,那些常吃咖喱食品的人往往在标准认知测验上得分较高。因此,加强补充食物的各种营养对延缓老年人认知功能的衰退是十分重要的。

但在现实生活中,老一辈人往往比较节俭,因为自己是从物质较为缺乏的年代走过来的,所以会有"吃的用的有什么好讲究的,能吃饱穿暖就已经相当好了"的想法,对于现在年轻人享受生活的观点并不认同。再加上有些老人会偏执地认为自己是被赡养的人,平时帮家里做不了什么事,在吃的用的上能省点就省点,给小辈人减轻负担。因此,常常是剩菜剩饭,凑合一顿。时间一长,就会造成营养不良。基于此,首先,年轻一辈要在观念上扭转老年人"省吃"的想法,让他们明白科学摄取营养不仅对自身有益,而且是给家庭减负的重要措施,人只有平时注意保养,根据自己的身体情况进行合理的营养搭配,才能少生病,也才能享受更幸福的老年生活。其次,对于认知功能障碍较为严重的老年人,应当在医生的指导下适当采用药物治疗的方法来防止症状进一步恶化。

四、加强体育锻炼

运动对于个体的意义不言而喻,正如那句耳熟能详的话"生命在于运动",老年人积极参与体育锻炼,不仅能增强身体素质,还能在一定程度上起到防止认知功能衰退的作用。比如,有氧运动可以帮助抑制脑萎缩,特别是生理性脑萎缩。研究表明,运动对55岁以上的老年人,甚至包括早期痴呆患者有着积极的影响。这些元分析的整体效应大小是在 0.5 左右,这是比较强的效应,例如,考尔科姆比和克莱默的研究结果(图 2-3)。运动效应在图中四个认知任务中的每一个都是统计上明显的。另外的发现包括:运动训练进行的时候效应最大,经过 1～3 或 4～6 个月,效应逐渐减小;每次训练超过 30 分钟比 15 到 30 分钟的效应大;训练课程同时有心血管训练和体能训练,而不是单独的心血管训练效果更好;年纪更大的老年人(66～70 岁或 71～80 岁)比较年轻的年龄组(55～65 岁)运动效果好。养成健身锻炼习惯即坚持长期经常体育活动不仅可以延缓身体功能衰退速度,且对强健老年人体质、愉悦身心及改善精神状态有益,对延缓老年人的认知功能的衰退能起到重要的作用。相比于较少思考的个体,日常生活中进行频繁脑力活动的个体,认知功能障碍的发生进程将更加缓慢。[①] 一项对 729 位老人的研究发现,长期进行棋牌类活动对延缓老年人认知功能障碍病情发生及提高日常心理情绪有益。[②]

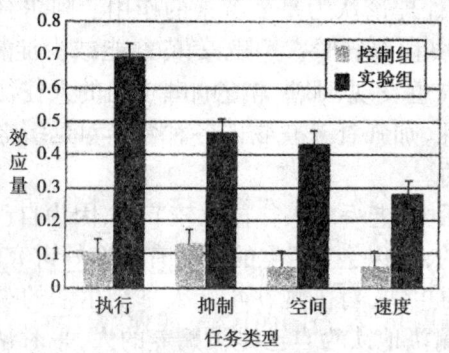

图 2-3 参加一项有氧健身计划的老年人与未参加此计划的老年人在认知任务上的成绩比较

虽然进行体育锻炼对延缓老年人认知功能的衰退具有一定作用,但需要注意的是,人到老年,身体素质不如以前,自然不宜多做那些需要较大运动量的项目,而应多做一些锻炼耐力方面的有氧运动。最好是根据自身情况选择适当的运动地点、运动方式,并且控制好运动量。如年龄较大、身体并不是很好的老年人,在小区、公园内的广场参加一些运动幅度小的运动,伸伸手弯弯腰、活动活动筋骨即可。另外,做一些"手指操""健身操""穴位脉络操"等都是很好的选择。手臂反复做旋转运动,手掌与

---

① Cheng ST, Chow PK, Song YQ, et al. Mental and Physical Activities Delay Cognitive Decline in Older Persons with Dementia[J]. American Journal of Geriatr Psychiatry, 2014, 22(1):63-74.
② 徐卓亚,宋清华. 长期集体智力类体育活动对老年人认知功能及日常情绪的影响[J]. 中国老年学杂志, 2019, 39(8):3693-3696.

手指的穴位得到刺激,有利于手部和手臂的经脉气血畅流,反馈回大脑,亦可达到脑保健的作用。

五、保持积极的心态

积极的心态是老年人在正确认知人体生老病死的规律的基础上,以积极的心态面对老年人认知功能老化,积极对待老年生活的一种情感认知。积极向上的社会文化氛围可以使老年人产生较好的自我认知与体验,从而产生积极的老化态度。[①]让老年人能够体验到"最美不过夕阳红"的年龄优势,而不是"日落黄昏"的悲哀,家人应积极采取行动,不断增加老年人平时生活做事时的成功经验,也可以让老年人模仿成功的榜样,通过语言的鼓励和改善任务情境等方式培养老年人积极的心态。在老年生活中,大多数老年人都会对自己的一生进行回忆,在这个过程中,如果有太多的遗憾和失败,老年人会产生强烈的失败感和悔恨感,这种情绪与抑郁是相互促进的,不利于老年人积极心态的保持,因此如果能减少老人自责、后悔的想法,会有利于缓解抑郁和其他的消极情绪,也有助于老年人以乐观、积极的态度应对老年生活。对于这一点,老年人可以从丰富生活上入手,做一些力所能及的事情,找到老年期的新支点,这有助于将老人的注意力放到眼前,而不是停留在对过去的回忆中。无论是学习新的事物,还是从事某些工作,目标只有一个——扩展老人获得成就感的渠道。

六、加强社会交往

一项研究证明社交网络特征和认知水平的关系,被试是社区中354名成年人,年龄在50岁以上,简短智力状态检查(MMSE)分数在28分以上(这个量表满分是30分,25分以上为正常)。多变量分析表明,更大的社交网络互动与更好地保持 MMSE 分数呈正相关。社会交往是老年人寻求心理沟通和获得社会支持的重要途径,[②]通过交往活动不但能给其带来积极的情绪状态而且也能对其产生丰富的认知刺激,既对老年人身心健康具有促进作用,又对老年人认知功能的老化干预具有积极影响。

在现实生活中我们也发现,有些老年人退休之后整天闷在家里不出

---

① 徐卓亚,宋清华. 长期集体智力类体育活动对老年人认知功能及日常情绪的影响[J]. 中国老年学杂志, 2019, 39(8): 3693-3696.
② 赵丹,余林. 社会交往对老年人认知功能的影响[J]. 心理科学进展, 2015, 24(1): 46-54.

屋，既不愿意出去游山玩水，也不愿意和邻里街坊聊天谈心。一开始是不适应没有工作的居家生活，但长此以往，就形成了大门不出、二门不迈的习惯。过于狭小的活动范围可能会导致老年朋友心理上的压抑感，同时由于缺少情感交流和倾诉，很容易导致心理上的抑郁和消沉。因此，丰富社交生活应当成为老年人的必修课。积极的社交生活不仅使晚年生活变得丰富，同时还可以帮助老年朋友建构起强有力的社会支持系统，帮助老年人应对生活当中可能出现的应激性事件，帮助老年朋友克服心理上的失落感。例如，鼓励老年人积极参加各种团体活动，如老年大学、健身队和书法社等，将丰富老年人的晚年生活作为促进老年人群体身份多元化的可操作的途径，能够让老年人做到老有所为，让兴趣爱好丰满自己的养老生活；同时老有所乐，让自己的社交圈子丰富多彩。

第三章 老年人的思维与语言的变化

人类大脑皮质的退化和衰老是渐进式的,通常进化越高级的组织系统可能越容易衰老和退化。语言、思维中枢是人脑的最高级中枢系统,它们的衰老和退化直接影响人体其他器官系统。随着人的年龄增长,步入老龄阶段,思维和语言会发生变化,逐渐衰老,因此,对老年人的思维和语言进行维护是非常必要的。本章即对老年人思维与语言的变化及维护进行分析阐述。

第一节 思维与语言的基础理论

一、思维的基础理论

思维是借助语言、表象或动作实现的对客观事物的概括和间接的认识,[①]是认识的高级形式,主要表现在概念形成和问题解决的活动中。

人类不仅能认识事物和现象的外部联系,而且能认识事物和现象的内在联系和规律。这种认识是通过思维过程来进行的。思维不同于感觉、知觉和记忆,但又是在感觉、知觉和记忆的基础上发展起来的。思维是一种更复杂、更高级的认知活动。在日常生活中,我们每时每刻都离不开思维。我们用它学习知识、解决问题;用它辨别真伪、识别美丑;用它探索新知、丰富我们的大脑。

(一)思维的种类

按照不同的方式,思维可以分为不同的类型,具体如下。

第一,按照思维任务的性质、内容和解决问题的方法分类,可将思维分为直观动作思维、形象思维和逻辑思维。这是最普遍的一种思维分类

---

① 彭聃龄.普通心理学(第4版)[M].北京:北京师范大学出版社,2012:280.

方式。

第二,按照科学和经验,可将思维分为理论思维和经验思维。理论思维依据的是科学概念和论断,经验思维则是凭借日常生活经验。

第三,按照领悟与推理,可将思维分为直觉思维和分析思维。直觉思维是人们在面临新的问题、新的现象时,能迅速理解并做出判断的思维活动,是直接的、领悟性的。分析思维是遵循严密的逻辑规律、逐步推导,最后得出合乎逻辑的正确答案或做出合理结论的思维活动,等同于逻辑思维。

(二)思维的特征

思维具有三大特征。

1. 间接性

思维的间接性是指人们借助于一定的媒介和知识经验对客观事物进行间接的认识。思维认识的领域要比感知觉认识的领域更广阔、更深刻。

2. 概括性

思维的概括性是指在大量感性材料的基础上,把一类事物共同的特征和规律抽取出来,加以概括。

3. 经验改组性

思维的经验改组性指思维着重于探索和发现新事物,它常常指向事物的新特征和新关系,这就需要人们对头脑中已有的知识经验不断进行更新和改组。

(三)思维的发展规律

思维的基本发展规律是,思维能力经过少儿时期的成形阶段、青年时期的成长阶段,到了中老年时期已经趋于定型。在所有心理机能中,思维是随年龄增长而衰退最慢的。不少老年人反而觉得自己的思维比年轻时还要好。因为老人退休后,自由支配的时间多了,可以从容不迫地进行思维;由于经历的事情多,经验更丰富,为深刻的思维奠定了基础;老年人的情感不易冲动,情绪对思维的干扰明显减少,思维能力可以得到正常的发挥。

二、语言的基础理论

语言是一种社会现象,是人类通过高度结构化的声音组合,或通过书写符号、手势等构成的一种符号系统,同时又是一种运用这种符号系统来交流思想的行为。[①] 通常人们所说的语言是指用于交际的所有语言,它包括各种具体语言及这些语言的变体。语言对于人类意义非凡,它能帮助人类相互交流思想、抒发情感。

(一)语言的种类

语言通常分为以下两类。

1. 外部语言

外部语言包括口头语言和书面语言。口头语言又可以分为对话语言和独白语言,其中,对话语言是最基本的语言活动。

对话语言是指两个人或几个人直接交际时的语言活动,如聊天、座谈、辩论等。他们是通过相互谈话、插话的形式进行的。对话语言具有环境呼应性、简略性、反应性以及对话双方的支持性等特点。

独白语言是个人独自进行的,与叙述思想、情感相联系的较长而连贯的语言,表现为报告、讲演、讲课等形式。独白语言具有准备性、计划性、开展性、说话人自身的支持性等特点。

书面语言的出现比口语要晚得多,是指一个人借助文字来表达自己的思想或通过阅读来接受别人语言的影响。书面语言具有随意性、开展性和计划性的特点。

2. 内部语言

内部语言是一种自问自答或不出声的语言活动。它的本质是需要语言器官的参与,只是外部标志——语音不明显。它具有简略性、隐蔽性等特点。

(二)语言的特征

语言具有六大特征,具体如下。

1. 意义性

语言中的一个词或一句话,都有一定的含义,这种意义性使人们能够相互理解、相互交流。不能传达任何意义的语言都不是正常的语言。

2. 结构性

语言符号不是离散、孤立存在的,而是作为一个有结构的整体而存在

---

① 彭聃龄.普通心理学(第4版)[M].北京:北京师范大学出版社,2012:328.

的。不同语言的具体结构规则是不同的。

3. 个体性

语言行为是一种个体的行为,它和个体生存和发展的具体条件分不开,因而具有个体的特点,比如:有人说话鼻音比较重,有人说话慢慢吞吞等。语言活动的这些差别,表现了个体心理、生理活动的一些特点。

4. 指代性

语言的各种成分都指代一定的事物或抽象的概念。正是由于语言具有一定的指代性,人们才能理解抽象符号所代表的意义。

5. 创造性

语言的创造性表现在人们使用有限数量的词语和合并这些词语的规则,便能产生或理解无限数量的语句,这些语句是他们以前从未说过或听过的。

6. 社会性

语言是个体运用语言符号进行的交际活动,具有社会性。人只能使用社会上已经形成的语言,用词来表达意义也只能是约定俗成的。另外,语言交流发生在人与人之间,一个人说话的内容,常常要受到别人的影响,这说明语言具有社会性。

(三)语言的功能障碍

语言障碍是大脑高级功能障碍的一个敏感指标,在自发言语中,明显的找词困难是首先表现出来的语言障碍。语言障碍可以分为语言理解障碍、语言表达障碍及语言理解表达混合型障碍。语言理解障碍是指理解词义、语义、句法或语用(理解句子的言外之意、引申用意)能力落后于同龄人。语言表达障碍是指组词组句表达个人想法和观点的能力落后于同龄人。混合型障碍是指在语言理解和表达上都有一定程度的障碍。语言障碍者在不同的语言领域内(听说读写),学习和运用语言的能力皆有长期困难,障碍常包括低词汇量、牵强的组词组句能力,叙事、对话困难;语言能力大幅度、可量化地低于同龄人语言水平。语言功能的各种障碍不仅会严重影响人们的正常生活、人与人之间的交往,而且对个体心理和人格的正常发展都将产生严重的影响。

第二节 老年人思维与语言的特征及其维护

随着人的年龄增长,引起行为变化的非年龄原因也就愈多。人生"暮年",思维与语言都呈现出与青、中年不同的特征。面对老年人思维与语言的变化,如何维护其思维与语言能力,是当前老年人心理健康问题研究的重点。

一、老年人思维的特征及其维护

从中年步入老年,人的思维从较少依赖一般社会模式、价值观念和期望转变到更多依赖自身特有的内在情感、动机和价值观念。

(一)老年人的思维特征

老年人的思维呈现出如下几大特征。

1. 老年人思维的衰老

众多的心理学实验研究都发现老年人无论是在概念的形成、逻辑推理还是在问题解决能力上的成绩都明显地低于年轻人,这说明老年人的思维也在衰老。但是,不论是在企业还是在科学界,甚至是在政府部门中,处于领导决策的重要人物大多都是年过半百甚至是六七十岁的老年人,而且在他们的身上都可以看到"智慧"的气息,大多数的学者和科学家更是年近老年的时候才取得他们的成就和重要地位的。对此有人提出,人到老年,思维这种高级的综合的能力衰退与否,不能仅仅依据简单的刺激和推理得出结论。事实上,思维和问题解决能力除了受到低级认知功能的影响外,更多的时候还有社会和生活经验的作用,因此高级认知能力的衰退总是晚于低级认知能力的衰退。

2. 老年人思维能力的衰退

人步入老年后的一个特点就是生活中的一切似乎都"慢"了下来,行动变慢,反应变慢,思维也在变慢。老年人思维能力衰退主要表现为理解能力差、思维活动的敏捷性差、考虑问题欠周密等几个方面,还有就是记忆力也相应变差。理解力是对某个事物或事情的认识、认知能力。它包括整体思考的能力、洞察问题的能力、想象力、类比力、直觉力等,是衡量学习效益的重要指标。归纳能力是指提炼信息、概括大意、透过现象看本质的能力。判断力决定了人们对现实做出什么样的态度、表现出什么样的行为方式。抽象思维能力是人们在认识活动中运用概念、判断、推理等思维形式,对客观现实进行间接地、概括地反映的过程。研究表明,老年被试对于测试发出的指导语及几项心理测定的具体要求经常发生误解。[①]

国外研究表明,若不考虑时间因素,不进行时间限制,老年人的问题解决能力与年轻人没有明显差别。老年人在问题解决上所需要的时间更长,除了受前面所提到的认知因素影响外,还受到老年人生活经历和问题解决态度等因素的影响。年轻人由于生活经历和社会阅历短浅,经历的生活经验教训相对较少,对自己的能力抱有更积极的态度,对失败可能性的考虑也较少,对行为后果的影响估计不足,更喜欢冒险进取。因此,在遇到问题时年轻人更倾向于采用快速解决的策略。而老年人生活经历和社会阅历丰富,总结的经验教训也相对较多,由于认识到自身的衰老,对自己的能力采取更谨慎的态度,因此在遇到问题时更多采取求稳的策略,做出最后决定所需要的时间更长。

基于以上观点,我们应该突破传统的老年人因衰老导致思维能力下降造成缺陷的观点,应该看到老年人思维策略和思维模式特点的转变,并且承认这种转变在某些方面的积极意义。

3. 老年人思维的退行变化

我们经常会听到这样一个词叫作"老小孩",这是由于人们发现老年人的许多心理和行为仿佛和孩子一样。"退行"是人格心理学中常用的一个概念,最早在心理动力学领域被提出,是一种使用早期发展阶段的某些行为方式来缓解焦虑的防御机制。在老年人身上我们会发现很多这种退行的变化,其中不仅是人格,还有思维。心理学家们曾经利用测量前运算阶段孩子的实验和类似的实验来研究老年人的思维特点,发现很多老年人会出现和前运算阶段孩子一样"自我为中心"的特点。在生活中会表现在很多老年人固执己见、主观、不能从他人的观点客观实际地分析问题,处理问题时往往以个人的认知作为标准和参照,这意味着老年人的思维在某些程度上也出现了退行变化。

4. 老年人思维散乱

大多数老年人对自己以前的事情联想迅速,说话漫无边际,滔滔不

---

① 章全英,时蓉华.老年人动作反应和思维特点的研究[J].老年学杂志,1984,2(1):6-11.

绝,天马行空,不可收拾。老年人在逻辑思维时其 a 波由单峰变为双峰实际上也是抑制的结果,因为它们的频率覆盖范围是一样的。[①] 老年人为什么在思维时会出现较大的 a 波抑制现象呢?这可能是因为 a 波并不是思维态脑电的固有波,a 波是人在静息闭目时的固有波,而在闭目思维时,a 波不会消失。但思维活动却导致脑皮层活动区的变化。思维活动区不在枕区而在额叶,脑血流的分配是与脑区的活动密切相关的。在思维时 a 波的被抑制是因思维时脑供血优先保证额叶,枕叶供血相对减少的结果。年轻人虽然在思维时 a 波也受到一定程度的抑制,但由于年轻人供血调节能力比老年人强,所以这种 a 波的抑制效应就小于老年人。由此看来老年人在进行逻辑思维时出现的 a 波抑制现象不仅是一种衰老的脑电客观指标,而且也是老年人脑供血调节能力减退的反映。

5. 老年人定式思维占据上风

研究发现,老年人在完成特定问题解决任务的时候,比年轻人更少采用具有独创性的问题解决方式,同时老年人也不像年轻人那样尝试思考更多种问题解决方法和尝试用多种不同的思路来思考问题。老年人这种更倾向于使用定式思维而不是创新思维来解决问题的特点可能和老年人的生活需要与工作习惯有很大关系。老年人在晚年的时候更倾向于稳定祥和的生活,在问题解决上更注重平稳,没有太多独树一帜的需要,因此较少地采取创新的思维方式。而且大多数老年人几十年来所从事的工作性质比较固定或相似,习惯了用固定的思维模式来思考问题,而较少地表现出创新精神。而年轻人精力充沛,喜欢富于挑战的活动,未来有很大的发展空间,因此他们更加倾向于以开拓的姿态来对待工作与生活,有很强的创新动机。

6. 反事实思维的合理性更高

反事实思维,即与事实相反的思维,卡尼曼认为"反事实"不是对未来的想象,而是对已经发生的事实的否定。国内学者杨红升和黄希庭认为,反事实思维是指在心理上对已经发生了的事件进行否定,并表征其原本可能出现而实际未出现的结果的心理活动。[②] 反事实思维受制于过去所选择的事实,也就是说,反事实思维不是对将来的期望,而是指向于对

---

① 张之同,张建轴,赵兢.老年人思维态脑电的变化[J].生理科学,1988,8(2):91-95.
② 杨红升,黄希庭.关于反事实思维的研究[J].心理学动态,2000,8(3):12-18.

过去已经存在的事实的否定。[①]老年人的特殊经历使得其反事实思维具有不同的特点。反事实思维在日常生活中是普遍存在的,几乎每个人都有对已经发生的事情产生与事实相反的思维活动的经历,尤其是老年群体更容易陷入对以往事情的回忆之中,产生反事实思维。老年人在面对突然而来的负性生活事件时更能积极地进行反事实思维或者更多地进行下行反事实思维,更能从客观的角度来考虑问题发生的可能性以及为未来的事情进行准备。在遇到问题时不过度关注事件本身,可以将假设情况与事件本身进行充分可能的比较,从而形成有效的反事实思维。

积极乐观的老年人具有良好的准备功能和认知功能,可使其具备进行积极合理的反事实思维的能力,因而老年人更倾向于使用下行反事实思维使自己产生积极情绪。善于进行下行反事实思维的老年个体也具有较好的情绪调节能力,善于利用反事实思维的功能调节自己,使自己获取庆幸感。产生"要是不走那条路就好了"的上行反事实思维的老年人,伴随产生的就是后悔等负性情绪;相反,产生"幸好只是骨折,幸好还活着"的下行反事实思维的老年人,伴随产生的是庆幸感等积极情绪。[②]但并不是每个个体都可以顺利地调节反事实思维所带来的不良情绪,而反事实思维的准备功能可以使得老年人在遇到创伤时调节不良情绪。

(二)老年人思维的维护

一般来说,老年人的思维变化是由听力、视力等认知能力降低,记忆力下降,或者出现错误思维方式等因素引起的,所以老年人在应对思维变化时,可以从以下几个方面着手。

1. 放声唱歌

歌声通常是人们用来表达自己喜怒哀乐,调剂生活中酸甜苦辣的方式。但很少有人知道,唱歌还是有助于健康的一剂"良方",对老年人尤其奏效。唱歌时80%以上的神经细胞参与大脑活动。老人们经常放声歌唱,除了能增加肺活量,在一定程度上改善心肺功能之外,还可提高他们的认知能力,增强思维活力及记忆力。

[①] 朱平,杨莉萍.诱发状态下老年人反事实思维特点的实验研究[J].心智与计算, 2011, 5(1): 21-28.
[②] 朱平,杨莉萍.老年人反事实思维与心理健康的相关研究[J].牡丹江师范学院学报(哲社版), 2014(1): 128-130.

2. 控制 BMI 指数

BMI（身体质量）= 体重（千克）÷ 身高（米）的平方,理想的 BMI 指数应在 25 以下。在记忆力的一项测试中,BMI 为 20 的理想者在过目 16 个单词后能回忆起其中的 9 个,而 BMI 为 30 即迈入肥胖门槛者,则只能回忆起其中的 7 个。BMI 对记忆力会有一定的影响,因此老年人要提高思维能力,还要学会控制体重。

3. 思维导图训练

勤用脑可比喻为老年人精神思维上的"慢跑锻炼",勤用脑的老年人可保持年轻时的精神面貌和思维能力。老年人的思维能力随着年龄的增长而呈下降趋势,适当的干预会激活神经细胞,增加其树突,形成新的神经通路。[1]16 名老人经过思维导图训练 6 个月后,在基本认知能力测验中,数字快速拷贝、汉字快速比较、汉字旋转、双字词再认、心算、心算答案回忆、无意义图形再认等方面均得到一定改善。老人用纸笔来绘制导图,如苹果这个主题,在纸的中心画出苹果的图像,然后尽可能地任意发挥,画一些向四周放射的线条,每个线条就可以代表老人所想的对"苹果"的主要想法（如品种、颜色、加工后的成品及半成品等）,在每条线条（即分支）上,用文字来标明关键词,同时采用多种颜色的笔绘图,可促使更多的脑细胞参与活动,使左右脑协同作战,激活更多的脑细胞。

4. 控制三高

许多老年人都会患上"三高",即高血糖、高血脂、高血压,对此一定要注意通过饮食、运动、药物来控制,因为"三高"会损伤大脑,甚至加快大脑的萎缩进程。具体来说,老年人控制血糖应每年检查一次血糖,每天步行 30 分钟,可以把血糖稳定在一个水平值上；每天吃 4 顿至 6 顿小餐,有助于血糖的平稳；控制血脂则要避免大鱼大肉,多吃蔬菜瓜果,清淡饮食；在降血压方面,老年人应该每天至少摄取 3 份含钙丰富的食物,这样有助于降低患高血压的风险,还可以在心情、其他食物等方面,来想办法降低血压。

5. 多说话

人老话多是自然规律,虽然有些时候让家人或朋友难以忍受,但它绝不是件坏事,包括说话在内的声响刺激是人类生存的必要条件之一。多

---

[1] Edwards JD, Wadley VG, Vance DE, et al. The Impact of Speed of Processing Training on Cognitive and Everyday Performance[J].Aging Mental Health, 2005, 9(3): 262-271.

说话可以刺激大脑细胞不断活跃并保持一定兴奋,说话的过程需要经过逻辑思考进行语言的提炼和组织,这是对大脑的锻炼,可有效推迟大脑的衰老进程,对预防老年痴呆也有一定程度的作用。另外,老年人即使是自言自语,也有助于逻辑思维的形成和发展。对此,后文有详述,此处就不再赘述。

6. 测试并维护听力

医学人员发现,很多老年人因为听力衰退,所以经常要花费很大气力去捕捉别人说的话,领会别人说话的内容,这无疑会使老年人的思维能力有所降低。因此,进入老年以后应每三年做一次听力测试。同时,要采取一些措施来防止听力下降。例如用手指按摩耳廓,上下左右拉动耳轮,用手指伸入耳孔轻轻摇或旋转或者用掌心盖住耳孔,用手指敲击后枕部,做"鸣天鼓"的动作等。

7. 多参加社交活动

人是社会性动物,需要与社会接触,与人交流的同时也增加了人们用脑的机会。对于从几十年工作岗位上退下来的老年人来说更要有与人交往的愿望,要加强社交活动,多参加社会活动,广交朋友,多与人进行感情交流,这就是要学会主动给大脑找事做,千万别让大脑闲着,越动脑子,记忆力就会越好。

8. 注意合理饮食

多吃绿叶类蔬菜可延缓人的认知能力下降的速度,这是由于绿叶蔬菜富含维生素E的缘故,因此,老年人应在饮食中多增添些维生素E含量丰富的菠菜或葵花子等。此外老年人应该保证每周吃一或两次鱼,每周至少吃鱼一次者与不吃者相比,其智力测试成绩明显优异。

9. 多运动

生命在于运动。运动(包括体力劳动)可以提高身体新陈代谢,使身体各器官充满活力(当然也包括我们的大脑),可增强心血管系统的功能;可改善呼吸功能,呼吸功能好,有利于人体维持旺盛的精力,推迟身体的老化过程;可提高消化系统的功能;可以改善神经系统功能;可以使肌肉发达,骨质增强;能够有效改善对内分泌系统,特别是对调节新陈代谢起重要作用的垂体——肾上腺系统以及胰腺等消化腺的功能,影响更大,往往获得显著的改善;可以调动人体免疫系统的应激能力,使免疫器官延缓衰老,增强免疫功能。

要注意的是,运动虽然有益于健康长寿,但要量力而行,应劳逸结合,时间以身体的承受能力为标准。有氧运动(如步行或骑自行车35分钟,每周3次)可显著改善老年人的思维能力,[①]且经过6个月的运动锻炼后,参与者的思维测试成绩相当于逆转了近9年的衰老。

总之,只要正确对待,老年思维能力衰退并不可怕。只要老年人能以积极的态度对待生活,积极培养思维品质,那么恢复和保持良好的思维能力是可以实现的。

二、老年人语言的特征及其维护

俗话说:树老根多,人老话多。老年人一旦上了年纪之后,说话就开始重复,而且固执己见,对自己的想法和观点还深信不疑,绝不屈从于别人的意见。事实上,老年人由于生理衰老的原因,开始显得精力不够充沛,许多事情自己不能直接参与,或者无法再像年轻时那样从容和潇洒地把事情做得较为理想。因此,他们只好通过说话来表达自己内心的想法和情绪,这样他们才会心理平衡。同时由于自尊心的强烈作用,老年人对自己的态度和观点都会进行坚决地维护,也就是心理学上说的自我防卫。

(一)老年人的语言特征

1. 语言理解退化

老年人出现语言衰老现象的根本原因是老年人大脑组织结构性退化、认知功能老化,表现在加工速度、记忆力、抑制能力等方面。[②]与语言能力变化有关的大脑组织结构至少包括:大脑语言网络中的白质与灰质、大脑上纵束部分的白质等。老年人的阅读及语言理解能力均与其认知能力变化密切相关,工作记忆老化对语言理解能力和阅读理解能力具有显著影响。整体而言,老年人阅读特点有:阅读速度慢,注视次数增多,眼跳幅度大且词跳读率高,回视次数多,知觉广度小且不对称程度低,词汇加工效率低,词频效应更为明显等。他们对单个词注视时间更长,从而导致整个句子的阅读时间延长。老年人在注视某个词时可能更倾向于猜测下一个词的内容,[③]但在句子理解时预测其后可能出现词汇的能力较

---

① Blumenthal JA, Smith PJ, Mabe S, et al. Lifestyle and Neurocognition in Older Adults with Cognitive Impairments [J]. Neurology, 2019(92): e1-e12.
② Shafto, M.A. & Tyler, L.K.. Language in the Aging Brain: The Network Dynamics of Cognitive Decline and Preservation[J]. Science, 2014, 346(6209): 583-587.
③ 王丽红,白学军,闫国利,吴捷. 词频和语境预测性在老年人阅读中的作用:眼动研究[J]. 中国老年学杂志, 2012, 32(16): 3503-3507.

弱。另外，老年人阅读模式和加工策略与年轻人不同，其阅读知觉广度发生老化，可能与逐渐下降的工作记忆容量有关。[①]他们利用语境信息辅助进行语义加工的能力下降，而词汇加工与年轻人相比基本相同。

2. 语言产出退化

老年人最为常见的语言产出退化是词汇提取困难；谈话时通常缺乏重点或较易偏题，对无关信息抑制能力的下降是其主因；在习语表达上较年轻人有更大困难，包括表达不完整或错误等。老年女性在衰老过程中，基频大约会下降30赫兹左右，尤其在更年期前后，下降趋势更为显著；老年男性基频下降趋势较为缓和，但在50岁左右也有30赫兹左右的下降幅度。[②]这些语音变化背后的生理衰老包括：声带结构与长度改变；脸部肌肉、咀嚼肌以及咽肌松弛弱化导致喉部下垂；男性喉软骨发生骨化、钙化；黏膜腺体发生退化；肺部失去弹性、胸腔硬化、呼吸肌弱化等。这些变化会改变肺容积和呼吸动力，致使肺活量减少，残气量增加，从而导致老年人音质改变、共振峰频率降低、声音震颤、音量下降等。另外，老年人在非言语行为、情感交流等方面具有一定特征：如话语多为形象化内容时，手势使用数量下降；对消极情感线索的感知准确性偏低；老年人通过非言语信息区分情感程度的能力弱于年轻人。

3. 老年人的"舌尖现象"

人们在日常口语表达中经常会有这样的自我感知经历，某个词突然间想不起来了，并且往往认为自己知道这个词，马上就能说出来的，只是暂时忘记了这个词的词汇表征，并且有自信最终可以回想起来这个词（目标词），这种词汇提取困难的现象学术界称为"舌尖现象"。"舌尖现象"在不同年龄阶段都有表现，但是老年人表现尤为明显。年轻人每星期"舌尖现象"0.98次，老年人每星期1.65次[③]。老年人发生"舌尖现象"的频率（1.37‰）大约是中年人（0.87‰）的1.6倍[④]。老年人随着年龄的增长，其发生"舌尖现象"的频率越来越高。相对于青年人使用"查资料"的方式，老年人更多使用"什么也不做"的自发解决策略应对"舌尖现象"。[⑤]

---

① 王丽红，石凤妍，吴捷，白学军. 老年人汉语阅读时知觉广度的眼动变化[J]. 中国老年学杂志，2010，30（2）：240-243.
② 黄立鹤. 近十年老年人语言衰老现象研究：回顾与前瞻[J]. 北京第二外国语学院学报，2015（10）：17-24.
③ 郭桃梅，彭聃龄. 舌尖现象的研究进展[J]. 心理科学，2005（2）：494-496.
④ 刘楚群，方车彦. 老年热门舌尖现象研究[J]. 辽宁师范大学学报（社会科学版），2020，43（1）：102-109.
⑤ 赵瑞瑛，娄昊，欧阳明昆，张清芳. 自然情境下舌尖效应的认知年老化——日记研究[J]. 心理学报，2019，51（5）：598-611.

"舌尖现象"在口语产生领域存在认知和元认知两种研究视角。认知视角主要针对口语产生的词汇通达过程,认为信息激活或提取不充分是舌尖现象发生的主要原因。元认知视角则主要关注口语产生的元认知过程,认为个体对目标词提取状态的监测引发了舌尖现象。"舌尖现象"的元认知过程不仅可以监测目标词的提取状态及词汇通达过程中相关信息的提取,而且可以控制词汇通达过程,使目标词在"舌尖现象"发生后成功地提取出来。"舌尖现象"老化是典型的口语产生老化现象,口语产生的老化理论认为老年人口语产生时目标词语义和语音节点之间联结的减弱,导致老年人出现更多的语音信息提取失败。[1] 抑制不足理论认为,老年人难以有效地控制激活的干扰信息进入到意识层面,这就造成了干扰信息反复地出现在头脑中,所以老年人出现更高比例的"舌尖现象"。[2] 彭华茂等发现,老年人由于通达、删除能力不足,阻止无关信息进入注意中心、从注意中心中删除与当前任务无关信息的能力下降,故会出现更多"舌尖现象"。[3]

4. 老年人的词汇流畅性

词汇流畅性降低也是老年人常见的语言产生退化。年轻人在语义条件下产生的单词更多,而老年人在正字法条件下产生的单词更多。[4] Meinzer 等利用外定步速单词产出范式发现,语义条件下老年人的表现显著下降且额外激活了右半球脑区(如额下回、额中回区域、后顶叶)。有研究者采用脑磁图(MEG)技术考查了老年人和年轻人语义判断任务下大脑皮层激活情况。结果显示,尽管老年人和年轻人在行为数据上不存在差异性,但是脑皮层激活模式却存在显著差异。[5] 在左半球额下回前部,年轻人有更强的激活,老年人则在双侧的颞顶区和左半球的颞叶前部有较强的激活,而这两个脑区和语义控制有重要关系。

---

[1] 欧阳明昆,蔡笑,张清芳.认知还是元认知:口语产生中舌尖效应的心理机制[J].心理科学进展,2019,27(12):2052-2063.
[2] 毛晓飞,董薇,魏民,邓光辉.舌尖现象老化的认知机制[J].心理技术与应用,2019,7(6):378-384.
[3] 彭华茂,毛晓飞.抑制对老年人舌尖现象的影响[J].心理学报,2018,50(10):1142-1150.
[4] Treitz, Friederike H., Katrin Heyder, & Irene Daum. Differential Course of Executive Control Changes During Normal Aging[J]. Neuropsychology Development & Cognition, 2007, 14(4): 370-393.
[5] Lacombe, J., Jolicoeur, P., Grimault, S., Pineault, J., & Joubert, S. Neural Changes Associated with Semantic Processing in Healthy Aging Despite Intact Behavioral Performance[J]. Brain and Language, 2015(149): 118-127.

5. 老年人的复杂句法结构

话语产生是最为复杂的语言认知行为，其间既涉及微观语言信息的加工，如词汇通达、形音映射、论元建构等，又涉及宏观语言信息的处理，如文本意图建构、信息流畅性及一致性的维持、话语环境评估等。[①] 所以，复杂句法结构的顺利完成，需要人们付出大量的认知资源，这对工作记忆、执行控制功能日趋老化的老年人来说极具挑战。

话语信息的一致性是实现有效交流的关键，较之于年轻人，老年人表现出更多的一致性错误。这种错误从句子层面讲，主要表现为代词复指使用错误、代词或名词短语性别或数一致性错误。而从文本层面讲，则体现为文本主体信息的连贯性、聚焦性和完整性较差，具体包括偏离主题、引入无关概念、插入和故事无关的语句等。研究表明，使用复杂结构的能力会随着年龄的增长而下降；随句法复杂度增加，老年人回忆句子命题信息、模仿句子的困难增加。[②] 对 103 名大学生和 114 名老人的研究发现，在句子产生任务中，老年人所产生的句子，其复杂程度要显著低于大学生。[③]

（二）老年人语言的维护

语言可以说是老年人的"健康观察哨"，一旦老人的语言出现迟钝、吐字不清或语言不利、语声朦朦胧胧，要考虑脑组织的病变；如果老人出现了言语无力、迟滞反复、总说一句话总讲一件事，精神恍惚自言自语，喃喃独语而不停，这种情况多是因为老人产生了心理障碍或有抑郁症；患有"三高"的老人如果出现语言激烈，言语烦躁，争执不休甚至失去理智的情况，很有可能是"三高"爆发；如果老人听力不佳，语言反应迟缓，很有可能患有耳聋症听力障碍；如果老人语言反应低下，在语言交流问话中表现极度迟缓，问话不答，说话无声，沟通困难，则很有可能患有孤独症、缄默症等。因此，要及时观察老人的语言状况，采取有效地措施维护老年人的语言能力。具体来说，可以通过以下几方面措施来维护老年人的语言能力。

[①] 何文广. 语言认知老化机制及其神经基础[J]. 心理科学进展, 2017, 25（9）: 1479-1491.

[②] 韩笑, 梁丹丹. 正常老化脑的语言加工及其自适应机制[J]. 当代语言学, 2019, 21（4）: 586-601.

[③] 吴翰林, 于宙, 王雪娇, 张清芳. 语言能力的老化机制：语言特异性于非特异性因素的共同作用[J]. 心理学报, 2020, 52（5）: 541-561.

第三章 老年人思维与语言的变化

1. 避免不利于健康的语言

老年人生活中还要避免不利于健康的语言,如"丧气话",有的老人就爱讲"我这一辈子活得太没劲了""我就是命太苦,哎"等,这些话只能使老人更易产生压抑感、产生自卑、丧失信心、闷闷不乐,不利于老年生活,更不利于自己的身心健康;"后悔话",后悔的话说多了,就缺乏了对生活的信心,自暴自弃,没有了生活的动力;"嗔斥话",老人如果经常指责他人、嗔斥自己的老伴、不满意自己的孩子,话里话外都是不满意,总在生活小事挑刺找茬儿,焦虑现象就会发生;"多怒话",多怒的语言不利于生活中的和谐与平静,多怒的语言是疾病的诱因,更是高血压、心脏病等老年病的首要导火索。

2. 加强社会交往

老年人应以走出去、请进来、电话聊天、视频聊天等健康有益的方式与朋友尤其是与老朋友、好朋友、知心朋友保持适当的交流。此外,老年人在身体状况许可的情况下,还要尽量多参与社会交往活动,通过正常、有效的途径来解决或缓解"情感渴求"。研究表明,随着年龄的增长,消极情绪对口语产生的抑制作用更强,这提示老年人应该在生活中尽量保持愉悦心情。[①]

3. 勤于动脑

大脑是人类神经系统的中枢,语言能力也要受大脑支配。适宜地动脑,脑细胞会更发达,脑力更强,寿命也更长,语言能力衰退就慢。勤于动脑的做法可以是多读书、多看报。这不仅会使老年人了解更多的国家大事和获得更丰富的知识,而且能陶冶情操,使生活过得更加充实,并对未来产生新的期望。

4. 加强自我存在感

离开工作岗位的老年人,容易产生一种不被需要感,同时与信息化社会的距离越来越远,与儿女沟通时的共同话题越来越少,这就导致他们把注意力放在言语交流中,交际对象对其态度、语速、音高、词汇、辅助使用态势语等方面上。在言语交往中态度决定了老年人是否愿意与你进行言语交流,如果交际对象很具有亲和力,老年人就有一种存在认同感,[②] 就

[①] 黄韧,张清芳,李丛. 消极情绪抑制了老年人的口语产生过程[J]. 心理与行为研究, 2017, 15 (3): 372-378.

[②] 律琳,陈洪艳. 老年人语言蚀失的印象因素及其训练方法[J]. 吉林工程技术师范学院学报, 2018, 34 (8): 62-64.

排除了交际过程中自己的语言会被否定和拒绝的心理障碍。

5. 勤于动嘴

嘴是脑的近邻,它的一举一动,都会牵涉到脑,平素多说笑、多咀嚼,都会对大脑产生积极的影响。老年人应多与朋友说话、谈心,也可以在空闲时,多给儿孙们讲讲故事、说说笑话,这种勤用语言功能的"大脑体操",能使大脑思维更加灵活。通过言语计划也可以有效地帮助老年人减缓老化[①]。多咀嚼,同样可防止大脑退化,增强记忆力,促进脑部血液循环,使脑血管经常处于舒展状态,脑神经细胞得到良好地保养,从而使老年人的语言能力不会过早衰老。

6. 家庭成员的调整

父母老了,更多的是希望孩子能陪伴在自己的身边。而当今的社会发展却常常使年轻人不能时刻陪在父母身边,这样老人们的孤独感便愈发强烈。儿女们能做的就是经常与父母联系,比如给父母打电话时听老人们讲讲心里话,谈一些能让他们开心的话题等。儿女们要与老人建立和谐的沟通,要做好以下几方面。

第一,要了解老人们的环境。要想更好地实现与老人的交际沟通,那就要全面地了解他们的生活环境,明白他们是否过得很好,很舒心。

第二,了解他们的健康状况。老年人是身体健康状况最不容乐观的社会群体,他们总是会出现各种各样的问题,除却那些严重的疾病,在他们之中最常见的当属视力下降、耳朵失聪、思考能力和理解力大幅下降。所以在与他们沟通的过程中,需要有足够的耐心和爱心。只有实现了信息的互动,才有可能更好地实现子女与老人之间的沟通。

第三,说话要简洁明白,多运用眼神沟通。由于老年人都存在着听力下降的问题,所以在交流中,需要充分考虑他们的信息接受能力,说话要清楚明白,尤其不能使用别人听不懂的方言。动作语言是一种很有用的交际用语,在与老人的沟通中,如果出现了解决不了的问题,就要学会运用眼神或是手势语来表达我们的想法。

第四,避免运用复杂的语言。话要说得越简单越好,在不影响自己要表达的思想前提下,简单明了地组织语言。

第五,注意音量。音量过大在很大程度上会伤害到老人的自尊心,音量过小又会让老年人听不清,所以要根据情况掌握好度。

---

① 郑卉蓉,李梦蕾. 老年人语言蚀失期的语用能力研究[J]. 管理观察,2018(36):197-198.

第四章 老年人情绪调节与人际关系调适

情绪在人一生的发展过程中有着非常重要的作用,它不仅会影响人们的生理与心理反应,还会影响人们与他人的交往。人际关系是人们通过人际交往与人际沟通的共同活动所形成的直接的心理关系,这种关系反映了个体或群体寻求满足他们社会需要的心理状态。人际关系如果处理不好,对人具有极大的负面影响。为了帮助老年人度过一个快乐的晚年,就需要让老年人保持一个积极的情绪和良好的人际关系。本章即对老年人情绪调节与人际关系调适的相关内容进行简要阐述。

第一节 老年人情绪体验的特点

一、情绪概述

(一)情绪的概念

关于情绪的概念,长期以来一直有不同的认识。例如,机能主义者提出情绪是在对个体具有显著意义的情境事件上,个体建立、维持、改变或终止其与环境的关系的一种企图;社会建构论的支持者则认为,情绪既是个体自身内部的建构,更是个体之间的建构,是能在更高层面反映出社会历史文化以及政治秩序的综合症候群。[①] 经过长期的深入研究,心理学家对情绪的定义大体趋向一致。这里将其界定为:情绪就是人在认识和改造客观世界时,因客观事物是否满足需要而产生的一种心理体验。为了更好地理解情绪的概念,我们应重点掌握以下几个方面。

第一,情绪是由刺激引起的。情绪不是突然地、毫无头绪地自然产生,一般是由刺激引起的。这里的刺激主要是外界的刺激,如和煦的阳光、广

---

① 乔建中.情绪的社会建构理论[J].心理科学进展,2003(5).

阔的草原、清澈的河水、嘈杂的场所、繁重的工作、激烈的比赛、失去亲人等。不同的刺激会让人产生不同的情绪，比如和煦的阳光与广阔的草原让人心情愉悦，而失去亲人让人悲伤和难过。

第二，情绪与认知活动之间有着密切的关系。对于同样的外在刺激，不同的人会有不同的情绪体验，如有的人出现灾祸时担惊受怕，而有的人竟幸灾乐祸等。之所以出现不同的情绪，主要是因为个体的认知经验有较大差异。

第三，情绪与需要之间有着密切的关系。情绪往往是在需要的基础上产生的，加上个人所体验到的情绪性质具有主观性。因而，需要与情绪密切相关。当客观事物符合并满足了人的需要时就会产生正向（积极的、肯定的）情绪，如快乐、幸福、热情、感恩等；当客观事物不符合、不能满足人的需要时就会产生负向（消极的、否定的）情绪，如悲观、失望、愤怒、狂躁、恐惧、自卑、嫉妒等。

第四，情绪状态比较难以控制。情绪状态伴随产生的生理变化与行为反应，人们往往是难以控制的。例如，人在愤怒状态下，会出现汗腺分泌增加、面红耳赤现象；人在恐惧状态下，身体会战栗、瞳孔会放大。这些变化都很难进行自我控制，是受自主神经的支配直接产生的。

（二）情绪的表现形式

人的情绪除了具有内心的体验和生理的反应外，还会直接通过人的行为活动表露出来，从而达到与外界沟通的目的。这里所说的行为活动主要指人的言语变化、面部表情和体态表情。

1. 言语变化

言语变化主要是指人在说话时声调、音色、音量、停顿、节奏、语速等方面的变化。例如，当一个人说话的语调高昂、语速加快、语音错落有变，通常说明这个人是兴奋的、喜悦的；当一个人说话的语调低沉、语速缓慢，甚至言语断断续续的时候，通常说明这个人正处于悲哀与痛苦的情绪状态中；当一个人说话的声音颤抖、语无伦次，通常说明这个人正处于惊慌、恐惧的状态中。有关的研究表明，言语变化所传达的情绪信息远比言语本身的含义更多、更复杂。

2. 面部表情

面部表情是情绪表现的主要形式。面部表情以面部的肌肉活动和气色变化为主，尤其以眼睛和眉毛的表情最为突出。眉飞色舞、眉开眼笑、眉目传情、喜形于色、目瞪口呆、横眉竖眼、愁眉苦脸等都是指面部的表

第四章　老年人情绪调节与人际关系调适

情,表达了不同的情绪状态。面部表情在情绪活动中具有独特作用,是情绪本身不可分割的一个重要方面,也是传递情绪内在信息的重要途径。

3. 体态表情

体态表情就是通过身体不同部位的各种动作代替语言,反映出个体内在的心理活动。它也是情绪的重要表现形式。例如,当一个人昂首挺胸时,通常说明这个人对自己信心十足,其心情昂扬向上,甚至是有些激动;当一个人耷拉着脑袋,走路摇摇晃晃时,通常说明这个人的心情非常糟糕、颓废;当一个人手舞足蹈的时候,通常说明这个人正处于十分欢乐的情绪状态;当一个人捶胸顿足时,通常说明这个人正处于悔恨的情绪状态中;当一个人坐立不安的时候,通常说明这个人正处于烦躁的情绪状态中。有人还专门为身体姿势的意义绘制了简易图(图4-1),更为直观可感。

图4-1　各种身体姿势及其意义[①]

---

① 金盛华,张杰.当代社会心理学导论[M].北京:北京师范大学出版社,1995:183.

二、老年人情绪体验的显著特点

有关老年人情绪体验的研究结果显示,老年人拥有独有的情绪体验特征。概括来说,老年人情绪体验的特征主要包括以下几个方面。

(一)老年人的情绪相对比较温和平静

相对于喜形于色的年轻人而言,老年人通常更加温和平静,这正是老年期情绪体验的一个重要特点,即情绪体验的水平相对较低。进入成人期,个体对生理变化、认知机能的变化、社会交往的变化、角色地位的变化引起的情绪、情感体验日益深刻,个体已经形成了比较稳固的价值观和较强的自制力以及较成熟的自我防御机制,因此,他们的情绪情感状态一般较稳定,较少因外界因素的影响而发生起伏波动,无论是心境、激情还是应激都是如此。老年人由于生理结构上的衰退,自主神经功能的降低会减少对情绪刺激的生理唤起,因此减少了对事件的反应。[①]

(二)老年人更遵循控制自己情感的某些规范

研究发现,老年人比年轻人和中年人更遵循控制自己情感的某些规范。对于愤怒、喜悦、厌恶、害羞、恐惧、焦虑、兴趣、激动和悲伤等不同情绪,老年人比年轻人和中年人更愿意控制自己的情绪,他们认为自己应控制兴奋、激动和害羞的情绪活动。但是对于恐惧情绪所持的态度,未发现任何年龄差异和性别差异。表达恐惧是一种适应性的表现,能够有效地向他人传达需要帮助和支持的信息,从而使自身能够免于危险和灾难,更利于生存。当个体体验到认知情绪复杂性降低时,老年人倾向减少对外部环境的要求,往积极方向调整自己,将自己限制在与自我直接相关的有限任务和目标范围内(如安全),维持一种情绪优化策略。[②]

(三)老年人情绪体验的持续时间较长

当脑组织老化或伴有某些脑部疾病时,老年人往往失去自我控制,容

---

① Charles ST, Mather M, Carstensen LL. Aging and Emotional Memory: The Forgettable Nature of Negative Images for Older Adults[J]. Journal of Experiment Psychology: General, 2003, 132 (2): 310-324.
② 王港,傅宏,史娟,林其羿. 老年人情绪复杂性与年龄的关系[J]. 中国老年学杂志, 2020, 40 (1): 215-219.

易勃然大怒,且难以平静下来,其情绪激动程度和所遭遇不顺心的事情之程度并不相对应。有时为周围环境及影视剧中有关人物的命运而悲伤或不平,迅速出现高涨、低落、激动等不同程度的情绪变化,时而天真单纯,时而激动万分。研究表明,当观看与年龄经历有关的电影片段时,如丧失亲人的电影,老年人会比年轻人报告更多更强烈的悲伤情绪,并伴有相应的生理反应。[1]老年人的情绪情感一旦被激发,需要花费很长的时间才能够恢复平静。无论是热情、激情还是应激都会如此。同时,由于老年人形成了比较稳定的价值观以及较强的自我控制能力,他们的情绪情感一般不会轻易因为环境的变化而起伏变化。

(四)老年人更容易产生消极的情绪体验

老年人由于各自的人生经历、文化背景、生活环境、个性特征和行为需求存在差异,因而他们所处的情绪状态也会不一样。又因为人进入老年期后,随着年龄的增长、身体健康水平的下降、社会交往圈子的缩小、空闲时间的增多,会出现一系列消极的情绪体验。具体来说,老年人的情绪有以下特点。

1. 空虚感与孤独感共生

空虚感是一种消极情绪,容易引起老年人失眠、不宁、对周围事物丧失兴趣,甚至对人生悲观失望。孤独感是老年期较常见的一种消极情绪,严重的孤独感易导致老年人人格变态,有碍健康,甚至影响寿命。

每天早出晚归忙忙碌碌不会有空虚感,有事业追求和精神寄托也不会有空虚感。老年人退休以后,可自由支配的空闲时间多了,如没有新的内容来充实,缺乏自己感兴趣的活动,就会感到百无聊赖,时间难熬。另外,个体进入老年期以后,社会环境变化比较明显,因退休后社会交往频率降低,交往圈子缩小,容易产生离群后的孤独感。[2]

2. 衰老感和怀旧感同现

衰老感使老年人受消极自我暗示的影响,加剧大脑功能的衰老甚至病变,从而产生短期记忆明显下降,临时遗忘显著;在态度和行为方面变得固执、怪僻,过度关注自身的生理变化,自我封闭;严重的衰老感甚至

---

[1] Uchino BN, Holt-Lunstad J, Bloor LE, et al. Aging and Cardiovascular Reactivity to Stress: Longitudinal Evidence for Changes in Stress Reactivity[J]. Psychology Aging, 2005, 20(1): 134-143.
[2] 姜德珍. 老年人情绪、情感的变化与调适[J]. 解放军保健医学杂志, 2002, 4(1): 57-59.

会引发濒死感。

怀旧感是指个体面对老年期的处境而产生的对年轻时代或故人、旧物怀念和留念的一种心理体验。大多数老年人都有这种心理状态。有些老人将其作为同衰老抗衡的心理自慰方法,能丰富老年人的生活内容,提高生活的满足感和兴趣;① 有些老人喜欢用老眼光看新问题,这样就不容易从现实困惑中解脱出来;还有些老人过分怀旧,尤其是个别丧偶老人,沉浸在对已故亲人的极度思念之中,难免心绪忧伤,悲观失望。这种怀旧心理无疑会影响老年人身心健康。

3. 焦虑感与抑郁感相伴

老年期是角色转变最频繁的时期,有些老年人或因不适应新角色或因没有及时退出旧角色而引起角色冲突,手足无措,产生焦虑感;有些老年人或因退休后收入减少而经济窘迫或因担心自尊心受到损害而产生焦虑感。从积极方面看,焦虑感起到增强老年人改变现状紧迫性的作用;在更多的情况下焦虑感会给老年人带来消极作用。

老年人也经常会出现一定的抑郁感。老年人在漫漫的人生道路上经历过种种坎坷:他们为社会上的某些不尽人意的现象而忧心忡忡;为自己身体的某些不适迟迟不能排除而担忧疑惑;为得不到子女和周围人的理解和体谅而郁闷伤感。轻度的抑郁,使得老年人对周围的一切不予关注,缺乏兴趣,或常有莫名的烦恼和不快,但这些现象只要不再受新的刺激会自行消失。

4. 自尊感与自卑感共存

老年人一般都有较强的自尊感。凡是自我评价积极、自我肯定、自我尊重的人,其自尊感比较强。老年人希望得到他人的尊重,就会在有损自尊的行为面前有所约束,以维护自己的荣誉和尊严;自尊感还有利于老年人延长独立生活能力,减少对他人的依赖;当自尊感的需要不能得到应有的满足时,老年人往往会以愤懑的情绪表现出来,或者走向事物的反面产生自卑感。部分老年人退休后,失去了原先的工作关系,就认为权力缩小、权威性和影响力降低或消失,别人不再尊重自己而开始自卑起来;有些老人发现自己无法跟上日新月异的科技进步的步伐,无法适应市场经济的激烈竞争,在生产技术、管理经验方面的优势日渐丧失,也容易产生自卑感。自卑感是一种消极的情绪,它可以抑制老年人的自信心,使老

---

① 张晟. 城市老年人怀旧心理与主观幸福感的关系[J]. 保定学院学报, 2016, 29(4): 99-103.

年人自我封闭、自我孤立、自我退缩,减少社会交往。严重的自卑感甚至会诱发老年人自我否定,走上轻生道路。

第二节　老年人情绪调节方法认知

一、情绪调节的概念

情绪调节是每个人管理和改变自己或他人情绪的过程。在这个过程中,通过一定的策略和机制,使情绪在生理活动、主观体验、表情行为等方面发生一定的变化。成功的情绪调节,主要是管理情绪体验和行为,使之处在适度的水平,其中包括:削弱或去除正在发生的情绪,激活需要的情绪,掩盖或伪装一种情绪等。

二、情绪调节的分类

根据不同的标准,可以将情绪调节分为不同的类型。

(一) 根据来源进行分类

根据来源,可以将情绪调节分为内部调节和外部调节。

1. 内部调节

内部调节可以通过个体自我暗示、深呼吸、体育运动等进行生理、心理、行为调节。

2. 外部调节

外部调节可以通过与朋友谈心、爬山、游泳等进行自然调节。

(二) 根据调节发生的阶段进行分类

根据调节发生的阶段,可以将情绪调节分为原因调节和反应调节。

1. 原因调节

原因调节是针对引起情绪的原因或起源进行加工和调整,包括对情境的选择、修改,注意的调整,认识的改变等策略。

2. 反应调节

反应调节发生于情绪激活或诱发之后,是个体对已经发生的情绪在生理反应、主观体验和表情行为等三方面,通过增强、减少、延长、缩短等策略进行调整。

(三)根据调节的过程进行分类

根据调节的过程,可以将情绪调节分为修正调节、维持调节和增强调节。

1. 修正调节

修正调节主要是指对负面情绪进行调整和修正,使其水平降低,如使狂怒的强度降低而恢复平静。

2. 维持调节

维持调节主要是指对有益的正面情绪,如兴趣、快乐等进行有意识的、积极主动的维持,使其能够较长时间存在。

3. 增强调节

增强调节主要是指对情绪进行积极的干预,使其水平提高。如通过一些方法让一个人开心起来并开怀大笑等。

(四)根据调节的内容进行分类

根据调节的内容,可以将情绪分为体验调节、行为调节两种。

1. 体验调节

情绪调节过程的启动往往与情绪体验的强度相关联,尤其是那些过于强烈的情绪,如痛苦、愤怒或烦恼,个体会有意识地去调整。

2. 行为调节

个体通过控制和改变自己的表情和行为而实现对情绪的调节,如抑制和掩盖不适当的情绪,在失望或愤怒时管理和控制情绪等。

三、老年人情绪调节的常见误区

对于老年人存在的情绪问题,经常会出现一些调节误区,概括来说,这些误区主要包括以下几方面。

第四章 老年人情绪调节与人际关系调适

(一)尽量回避

老年人在应激事件发生后,可能会产生惊恐或焦虑情绪。除了回避那些难以逃脱或难以获得帮助的情境之外,还回避社会活动和其他一些事情,例如以下行为。以下这些行为可能会引起与惊恐发作相似的症状,尽管回避会在短时间内帮助个体减轻焦虑和惊恐,但长久下去仍然会导致焦虑。

第一,避免饥饿。

第二,避免匆匆忙忙。

第三,避免离开医学上的帮助。

第四,避免服用各种药物,甚至医生开的药。

第五,避免运动或强体力劳动。

第六,避免非常冷或非常热时出门。

第七,避免看恐怖电影、医学资料和非常悲伤的电影。

(二)依靠酒精麻痹自己

许多人利用喝酒来度过情绪低沉的情境。但实际上,长期依靠酒精来麻痹自己的人会对酒精形成依赖。使用酒精来应对焦虑是极度危险的,因为当酒精产生一段时间的效用后,抑郁、焦虑的人可能会更加依赖酒精,从而对酒精的需求越来越多。随着饮酒量的不断增多,酒精减轻焦虑的可能性就越来越小,取而代之的是焦虑和抑郁不断增加,并且还会对身体健康造成极为恶劣的影响。所以,老年人在情绪低落时千万不要依靠喝酒来调节。

(三)分散注意力

一些老年人在自己情绪不好时,经常会使用分散注意力的方式来调节自己的情绪,具体方法如下。

第一,掐自己。

第二,开着电视睡觉。

第三,玩数数游戏。

第四,把音乐声音开大。

第五,拿起身边的报纸来阅读。

第六,拉断手腕上的橡皮筋。

第七,让自己尽可能忙碌。

第八,用湿冷的毛巾敷脸。

第九,想象自己在其他某个地方。

第十,让身边的人陪你随便说点什么。

这些分散注意力的方法在短暂的时间内可能会奏效,但是这些方法不能从根本上起到调节情绪的作用,就好像用带子绑住桌子的断腿,而不是将其修好。

(四)依赖物品进行调节

一些老年人在出现情绪问题时,经常会依赖一些物品对自己进行调节,如果这些物品不在身边时,他们就会感到更加焦虑。老人们通常依赖的物品主要包括以下几种。

第一,纸袋。

第二,钱。

第三,食物或饮料。

第四,宗教象征物。

第五,手电筒。

第六,照相机。

第七,手提包或钱包。

第八,阅读材料。

第九,宠物。

第十,香烟。

第十一,手提电话。

同分散注意力一样,这些物体会成为一种依靠,长久下去同样会引发焦虑。所以,老年人也应该尽量避免用这种方法来调节自己的情绪。

四、老年人情绪调节的有效方法

调节好自身情绪,保持心境良好,情绪的波动起伏不大,可以帮助老年人减少负面情绪对身体健康的损害,可以促使情绪的生理唤醒处于适度水平,保证内分泌适度平衡、全身各系统、器官的功能运作协调、健全,从而有利于身心健康。同时,积极调整好自身的情绪,还能够促进老年人保持开朗的性格和积极乐观的生活态度,增强自身的人格魅力,为人际交往拓宽道路。概括来说,调节老年人情绪的有效方法主要有以下几种。

第四章 老年人情绪调节与人际关系调适

（一）合理宣泄法

宣泄法是通过特定的形式将内心的压力宣泄出去，可以防止身心受损，通过宣泄内心的郁闷、愤怒和委屈可以减轻或消除心理压力。宣泄要在合理的范围内进行，老年人在宣泄时要选择适宜的方法。常见的宣泄法主要包括以下几种。

1. 眼泪宣泄法

哭是人生下来就有的一种本能，当内心特别难过，感觉到情绪难以自控的时候，老年人也可以像小孩子一样大哭一场，眼泪有助于释放情绪压力，使情绪尽快平稳下来。研究发现，人在难过时流出的眼泪和正常心态下流出的眼泪的成分是不同的，前者的蛋白质含量要比后者多很多。情绪不稳定时体内的有毒化合物等能随着眼泪排出体外，所以人在大哭后感到心情轻松了。大哭的行为有助于情绪释放，还能把由于不良情绪在身体中产生的有害物质通过眼泪排泄出去，从而达到调节情绪、维护身体健康的效果。但需要注意的是，哭也应该有个限度，在情绪非常差时可以大哭一场，但不能一遇到事情就哭，这样会取得适得其反的效果。

2. 倾诉宣泄法

长期处于不良情绪状态下，郁结于心，就会对身心健康产生不良影响，严重的可能会导致抑郁症等。老年人在受一些不愉快的事件困扰时，可以去找亲朋好友或子女倾诉一下。倾诉时，老年人可以得到他人的宽慰和开导，同时，他人也可能会对困扰的问题提出一些有价值的建议。子女要适时地与老年人沟通，帮助其排解不良情绪。经常与老年人沟通是调节老年人情绪很有效的方法。

3. 日记宣泄法

老人在自己情绪不好时，可以向他人倾诉，这样便可以将内心的郁闷之情及时排出，但每个人都是有隐私的，当有些涉及隐私的事情需要保密而不能向他人诉说时，日记宣泄法就会是老人情绪调节的有效方法。在遇到这样的情况时，老年人就可以通过这种方法来把不快和烦闷都诉诸笔头，从而调节自己的情绪。

4. 运动宣泄法

老年人经常从事低运动量的活动，可以缓解其不良情绪。研究发现，适量运动对焦虑、抑郁等老年人常见的不良情绪都有缓解作用。特别是散步、慢跑、游泳等有氧运动对老年人的身心健康更有益处。运动不仅可以缓解不良情绪,而且对心脑血管等疾病都有很好的预防作用。需要注意的是,老年人在运动时,一定要适度,不要过量运动,同时,根据自己的身体情况,选择那些自己身体可以承受的运动项目。

(二)积极暗示法

积极的自我暗示指有意识地将某种积极观念通过一定的方法暗示给自己,从而对情绪和行为产生影响的一种方式。当老年人有不良情绪时,也可以采用自我暗示的方法来放松自己的情绪。如有些老人为了克服自己的焦躁情绪,在墙上挂"心静自然凉"五字;当遇到忧愁时,可自我暗示"忧愁于事无补,对身体无益,还是赶紧想办法解决吧。"排除杂念,专心致志于这种积极的言语自我暗示,往往会对老年人的情绪好转起到积极作用。人的自我暗示的力量是无穷的,有些研究发现,这种积极的自我暗示对某些疾病的治疗都会产生一定的效果。老年人应该经常使用这种简单易行的情绪调节方法来管理自己的情绪,做情绪的主人。

(三)理性超越法

当个体遇到挫折和不幸的时候,我们是自甘堕落、自暴自弃,在每日的消极思绪中消沉下去,还是理智地面对现实,正确地对待自己面对的挫折和不幸,积极勇敢地站起来。显然我们应该选择后者,在困难面前发奋图强,做生活中的强者。这就是理性超越法。

(四)音乐调节法

音乐是一种很奇妙的语言,是全世界共通的,在欣赏音乐时可以实现真正的无国界,无地域。音乐调节法就是借助情绪色彩鲜明的音乐来振奋精神,调节心理活动,以保持良好情绪和行为的一种方法。不同的音乐有不同的作用:节奏明快的乐曲能振奋人的情绪;旋律舒缓的乐曲能使人安静、轻松愉快,并有助于消除紧张和疲劳;悲壮的音乐会使人热泪盈眶;靡靡之音使人消沉,而军乐往往给人一种雄壮之感,鼓舞斗志,振奋人心。音乐疗法的适应范围比较广,凡是精神原因引起的神经活动高度紧张、大脑机能活动暂时失调而造成的各种心理问题,如焦虑症、抑郁症,都可以用音乐疗法来辅助治疗。由于每个人的性格、爱好情感、处境不同,对音乐的要求、喜好和选择也不相同。在进行音乐疗法之前,首先要选择符合自己性情的音乐,并注意音乐"阴与阳""静与动""强与弱"等的平衡性。在开始聆听音乐之前,最好先洗一把脸,清醒头脑,然后闭目养神几分钟,做几次深呼吸,使自己全身放松,将自己的状态调整到最佳。同时,保持环境的灯光适宜,不要太明或太暗。将音量调节到适宜自己的范围,通常40～60分贝为最佳。做好这些准备工作后,就开始奇妙的音乐之旅,使自己的情绪获得最好的调节效果。

(五)呼吸调节法

老年人在情绪激动时,通常会感觉呼吸短促,如果此时试着做几次深呼吸,会有助于情绪的控制,从而使激动的情绪趋于平静,并消除紧张状态。在日常生活中,常见的呼吸调节方法有以下几种。

1. 深呼吸法

首先以一种舒适的姿态坐在椅子上或是自然站立,然后轻轻闭上双眼或半睁双眼。先把气从口中和鼻子里慢慢吐出,边吐边使腹部凹进去。待气完全吐出后,闭上嘴,从鼻子慢慢吸进空气,把腹部渐渐鼓起。吸足了气之后,暂停呼吸。然后再一边从鼻孔里轻轻地把气吐出来,一边让腹部凹进去。初练时可用嘴配合吐气,以后用鼻子呼吸。在做练习时,还可以边吐气边默数"1、2、3、4……",数到10,再回过头从1数起。

2. 内视呼吸法

内视呼吸法是一种运用视觉表象调节呼吸的方法。首先闭目静坐,舌尖贴住上颚,面部肌肉自然放松,身体取一个最舒服的放松姿态。然后,一边做缓慢而深长的腹式呼吸,一边想象吸气时气流徐徐从鼻孔进入鼻腔,同时想象气流中有一个红色气泡沿着气流行走的路线前进,从鼻腔经过咽喉,沿气管到支气管,直到胸腔。气流在想象中继续前行到达腹腔,再经过右(左)髋部走到右(左)大腿—右(左)膝—右(左)小腿—右(左)脚底。稍停之后,想象气流再带着小红气泡沿着原路返回,直至完全把气体排出体外。再按上述方法进行反复练习,可以一次想象气泡沿着身体右侧运行,下次想象沿身体左侧运行,这样交替进行。每天练习5～10分钟即可。

(六)颜色疗法

颜色疗法是指通过视觉冲击来缓解情绪、调节情绪和心理活动的一种方法。每一种颜色都有其独特的作用,令人产生不同的情感。了解各种颜色的生理作用,正确使用颜色,可以消除疲劳、抑制烦躁、控制情绪、调整和改善人的肌体功能。现代科学通过颜色的平衡和调配,选取合适的颜色,来缓解一些负面情绪,已经成为时尚的情绪调节方法。下面我们来了解一些颜色的具体效应。

1. 红色

红色代表着活泼、生动和热情,它意味着一种力量,会刺激神经系统,增加肾上腺分泌和增强血液循环。但接触过多,会让人产生焦虑和压抑的情绪,使人易于疲劳。

2. 黄色

黄色代表着快乐、活泼和光明。黄色能给人带来尖锐感和扩张感,可刺激神经和消化系统,加强逻辑思维。但黄色还容易造成不稳定和任意的行为,所以在寝室和活动场所,尽量避免使用这种颜色。

3. 绿色

绿色代表着和平、青春和新鲜。绿色安宁静止的特性有易于消化,从而促进身体平衡,并能起到镇静的作用,舒缓人们疲劳的脑神经和视神经,对好动和神经受压抑的人有益。绿色还对昏厥、消极情绪者有一定的帮助作用。

4. 蓝色

蓝色代表着冷静、理智和广博,往往给人一种博大的感觉,产生一种稳定性,所以它是一种内敛、收缩、学习的颜色,它可调和肌肉、影响视觉、听觉和嗅觉,减轻身体对疼痛的感觉。

(七)综合调节法

情绪调节的对象既包括负面情绪(如悲伤、愤怒、恐惧、抑郁、焦虑等),也包括正面情绪(如快乐、愉悦、兴奋等)。比如,在人们获得特别巨大的成功时,尤其对于老年人来说,频繁地经历大喜或是大悲,会影响到自身的身体健康,同时还可能导致性格自满,并影响到他人的情绪。成功的情绪调节就是合理管理情绪体验和行为,使之处于一个适度的水平。因此有人指出,情绪调节包括削弱、消除过激情绪,掩盖、伪装负面情绪,也包括激活某些情绪。情绪调节的最好方法,是根据自己的生活现状,制订一套稳定的计划,来主动处理生活中能引发情绪压力的诸多琐事,用心理调节方法,让自己的情绪保持稳定、和平,并逐步走向成熟。

第三节　老年人典型负性情绪调节

负性情绪主要是指孤独、焦虑、抑郁、恐惧、愤怒等消极情绪。负性情绪持续时间过长或过于激烈,在一定的条件下能够引起人体各个系统功能的失调。老年人过于激烈的情绪,如狂怒与狂喜,可能引起机体功能的严重失调,甚至死亡。因此,一定要提前注意老年人的负性情绪,并对其进行有效调节。概括来说,老年人的典型负性情绪主要包括以下几种。

一、孤独

孤独情绪是指人在步入老年后面对种种丧失无法逃避的一种个体情绪体验。这些丧失包括:子女成家、亲友去世、人际关系范围逐渐缩小等。这些情绪可导致老年人的社会人际交往技能、认知能力或交流能力等发生广泛性迟缓。孤独已成为老年人实现"幸福梦"的主要威胁。[1] 孤独既能有效预测老年人认知功能的下降和阿尔兹海默证的患病率,又与老人心血管疾病的患病率和死亡率有显著相关。[2]

（一）老年孤独情绪产生的原因

1. 主观原因

老人偏向于已有的人际交往模式,不易结交新的朋友,人际关系范围逐步缩小,容易造成封闭的心态。此外,人到老年,爱和尊重的心理需求很容易被忽视,得不到基本的满足,孤独感会越来越明显。

2. 客观原因

子女长大成人、老伴去世、老年人丧失工作而远离社会、体力渐衰、与亲朋好友来往频率下降、信息交流很少等都会使老人产生不同程度的孤独感。

---

[1] 王希华,周华发.老年人生活质量,孤独感与主观幸福感现状及相互关系[J].中国老年学杂志,2010,30（5）:676-677.
[2] 闫志民,李丹,赵宇晗,余林,杨逊,朱水容,王平.日益孤独的中国老年人:一项横断历史研究[J].心理科学进展,2014,22（7）:1084-1091.

（二）老年孤独情绪的表现

1. 生活上的表现

第一，食量逐渐下降，食品种类单一。

第二，日常生活中常便秘、睡眠不好，以致体重日益减轻。

第三，有些老人甚至用抽烟、酗酒等不良的生活方式来伤害自己，反映出其内心的苦闷感和孤独感。

2. 语言上的表现

寡言少语，表情呆板。几乎是低头走路，回避与他人的目光交流，喜欢一个人躲在屋子里。

3. 情绪上的表现

态度消极，往往表现为固执、忧郁，以寂寞为主，伴有明显的失落感及对社会家庭均"无用"的心理倾向。孤独的老人情绪低落，不愿意主动求医。

4. 行为上的表现

第一，极少出门，很少会与人说话，兴趣降低、娱乐活动减少等。

第二，对周围事物无兴趣，很少参与社会活动，严重者连户外活动也不愿进行。

第三，不主动与人交往，每天只是机械地重复简单的话，既不关心他人，也不关心周围发生的事情。

（三）老年孤独情绪的调节方法

1. 帮助老人建立并加深与子女的关系

老年人要有主动建立关系的意识。帮助老年人学会向子女适度求助，但是不要事事指望子女，教会老人一些与子女沟通的技巧。研究表明，改善老年人的孤独，关键在于建立和维持良好的家庭功能，提供良好的社会支持系统，给予老年人一个完美的家庭社会空间。[①]

2. 鼓励老人加强人际交往

社区可以通过开展活动丰富老年人的业余生活。家人可以鼓励老年

---

① 刘志荣，倪进发. 老年人孤独及其相关因素研究[J]. 中国公共卫生，2003，19（3）：293-295.

人参加老年大学、社会义工或志愿者的活动。让老年人通过发展兴趣爱好,与同伴们一起学习交流来消除孤独感。团体活动也能够让老人体会老有所学、老有所用、有被人需要的感觉。

3. 实施心理健康教育

让老人明白独处并不一定等于孤独,并不表示没人关心。可以建议老年人利用独处的时间做一些对身心有利的事情,比如练习书法、打太极拳、听戏等,培养老年人平静的心态。

二、焦虑

焦虑情绪是一种由忧虑或恐惧引起的情绪高度紧张的心理状态。它类似害怕,是因为主体感觉受到威胁;但它又不同于害怕,因为主体觉察到的威胁来源通常是模糊的或不可言状的。一项元分析表明,中国老年人的焦虑症患病率约为6.79%,焦虑症状的患病率为22.11%。[1] 焦虑的发生率可能比其他的老年期心理障碍更高,而且更容易与躯体症状相混淆,当老年人出现焦虑症状时,往往作为躯体疾病进行治疗,导致治疗无效,加重病情。[2]

(一)老年焦虑情绪产生的原因

1. 身体原因

进入老年期后,生理机能衰退,更突出的表现是感觉和知觉能力下降。部分老年人会因为这些功能退化而产生焦虑。有些慢性疾病也会增强这种不安全感,引发或加强焦虑感。

2. 心理原因

老年人进入老年期后,生活发生了很大的变化,社交圈减少、闲暇时间增多,常会有患得患失的心理,从而引起焦虑不安。老年人的角色冲突、自我同一性危机、社会认知偏差及挫折感等正是产生焦虑的心理温床。[3]

---

[1] 苏亮,蔡亦蕴,施慎逊,王立伟.中国老年焦虑障碍患病率Meta分析[J].临床精神医学杂志,2011(2):87-90.
[2] 唐丹,王大华.社区老年人焦虑水平及影响因素[J].心理与行为研究,2014,12(1):52-57.
[3] 邱扶东.上海老年人焦虑及其影响因素研究[J].心理科学,2001,24(5):627-628.

3. 应激事件

老年人心理承受能力降低，对很多事情容易反应过激，从而产生焦虑。

(二) 老年焦虑情绪的表现

1. 身体表现

可表现为心跳加快、胸闷、口干、腹痛、尿频、大汗淋漓、全身疲乏等。部分老年人会有失眠、早醒、手抖、手指震颤或有麻木感，还伴有食欲减退、头晕眼花等症状。

2. 主观感受

老人内心体验到害怕，感到提心吊胆、紧张、恐惧等，注意力不能集中，有失去支持和帮助的感受。

3. 行为表现

老年人常表现为坐立不安、不知所措、对外界缺乏兴趣，有时激动失态，经常无缘无故地发怒、与人争吵，对什么事情都看不惯。

(三) 老年焦虑情绪的调节方法

第一，改变和修正使自己产生难以控制焦虑的思维，采用积极的内部对话进行自我指导，将会使焦虑减轻。可利用放松、运动、参加娱乐活动等转移注意力或利用思维中止法阻断被特定情境激活的负性自我对话模式。亲属要经常修正老人不合实际的目标，帮助老人发现和回顾自己的优点、长处、成就等，[①]减少对老人的负向评价，提供正向加强自尊的机会。

第二，鼓励老人进行自我观察和监测，矫正有害健康的思想和行为。鼓励老人说出自己的想法，对表达有障碍的老人，亲属应学会用耐心、缓慢以及非语言的方式表达对老人的关心和支持，逐渐引导老人同时利用沟通的技巧，让老人倾吐自己的想法，以便对老人的不健康思想进行纠正。

第三，学习放松技能。通过深呼吸、视觉想象、静思、渐进式肌肉放松训练等方式获得放松感，缓解紧张和压力。

第四，写日记。日记是宣泄情绪和想法的良好工具。写下想法和感受有助于澄清并加深对问题的理解，而问题的解决又可以帮助减轻压力

---

① 梁燕仪，马绍骏，芮铭安，朱健. 心理疏导对老年人焦虑情绪影响的分析[J]. 中国临床保健杂志，2008，11 (1)：35-36.

和清理自己的思绪。

第五,把注意力从应激源中转移出来,放松自己并享受乐趣。比如做一些让自己感到愉快的事情或者与喜欢的人共度时光,以转移注意力,缓解焦虑。

第六,积极开发和利用社会支持系统。缓解焦虑需要各方面的支持,包括朋友、家庭、医生、社团组织等。老年人通过增加与朋友交往,可有效降低老年人患焦虑症的几率。积极的人际关系对老年人心理健康的重要作用显而易见。随着年龄增长,老年人的社交网络在不断萎缩,根据社会情绪选择理论,老年人会选择保留对自己最有积极意义的关系。[1]因此,相对于天然无可选择的亲戚交往而言,朋友交往具有更大的选择性和积极意义,所以在现存的人际网络中,朋友交往比亲戚交往对老年人心理健康的影响作用更大,[2]可更有效地降低老年人患焦虑症的风险。

第七,调理好自己的日常生活,树立积极、具体的生活目标。

第八,进行时间管理和解决问题的技能训练,增强对生活的控制能力。

第九,增强沟通中的自信,恰如其分且如实地表达自己的愿望与需求,会使自我感觉更好,会获得更多的自信。

第十,针对老年人群较为普遍的死亡焦虑,可对老年人进行团体辅导,提供死亡教育,树立健康生命观。帮助老人回顾自己的一生,聊他们一生中最幸福、最满足、最在意、最有成就感的事情,并辅以照片、视频等,唤醒他们生命的意义感以缓解死亡焦虑。[3]

第十一,注意识别自身的应激症状,一旦有应激反应,老人通过休息、运动或放松等方式来减轻应激和焦虑,防止持续的应激给老人身心造成的伤害。

三、抑郁

抑郁以情绪低落、悲伤和失望为主要特征,常伴有失眠、早醒、兴趣减

---

[1] Carstensen, L., Pasupathi, M., Mayr, U., & Nesselroade, J. R. Emotional Experience in Everyday Life Across the Adult Life Span[J]. Journal of Personality and Social Psychology, 2000 (79): 644-655.
[2] Allan, G. Friendship and Ageing. In D. Dannefer & C. Phillipson (eds.), The Sage Handbook of Social Gerontology[M]. London: SAGE Publication Ltd., 2010: 239-247.
[3] 焦卉,郭检生,陈丽,陈小建,左小云.机构养老老年人死亡焦虑及影响因素的研究[J].护理研究,2019,33(21):3776-3779.

退等症状,严重的抑郁情绪甚至会导致自杀。在中国,大约有 7 400 万中老年人有抑郁症状,[1] 老年住院患者抑郁症状的发生率为 25.7%。[2] 抑郁不仅增加认知功能障碍和老年痴呆等疾病的发病风险,更是常见的自杀危险因素,自杀风险比正常人高 156%。[3]

(一)老年抑郁情绪产生的原因

一些老年人心理较脆弱,在现实生活中遭受挫折、不顺心,身体日趋衰落,不能自由活动等就会容易出现抑郁情绪,抑郁的人极容易丧失生活兴趣。

(二)老年抑郁情绪的表现

第一,对日常生活的兴趣(包括原有的爱好和娱乐消遣)显著减退或消失。
第二,感到生活无意义,对前途悲观失望。
第三,自我评价下降,对赞扬等不感到高兴。
第四,不愿主动与人接触和交往。
第五,易伤感、流泪或愁容满面。
第六,经常回忆过去不愉快或痛苦的经历。
第七,常有想死的念头,但又顾虑重重。
第八,自觉懒散、乏力、精神不振、脑力迟钝、记忆减退。

(三)老年抑郁情绪的调节方法

第一,注意合理的饮食营养。
第二,保持恰当的睡眠。
第三,正念减压。刘典英等人[4]的正念减压法程序如下:①躯体扫描:从头至脚按顺序体会身体各部位感觉;②觉察散步:留意身体在行进中的感觉;③感知呼吸:当觉察身体不适、有强烈的情绪体验等时,将

---

[1] CHARLS 研究团队. 中国人口老龄化的挑战:中国健康与养老追踪调查全国基线报告[R]. 北京,2013.
[2] 邵小玲,张月娇. 综合性医院老年住院患者抑郁状态调查分析[J]. 中华急诊医学杂志,2011,20(1):99-101.
[3] 周蕙,潘玲玲,方亚. 老年人心理社会因素与抑郁症状发生风险关系[J]. 中国老年学杂志,2019,39(8):4092-4094.
[4] 刘典英,刘明矾. 正念治疗与工娱治疗对老年抑郁症患者的干预效果[J]. 中国老年学杂志,2015,35(2):199-298.

注意力拉回到当下的呼吸中;④观察想法:观察冲动思想的产生、发展及消失过程。

第四,对于缺乏兴趣的活动或超出能力范围的事勇敢地说"不"。

第五,不要忽略自己的感受,注意识别自己的需求、想法和感受,并向别人倾诉,将自己的内心情感表达出来。

第六,加强心理健康教育,避免采用消极的方式来处理和看待一切事物。对于有一定文化程度的老年人应侧重于积极引导,开展心理咨询服务。[1]

第七,避免压力过大,做事情注意轻重缓急,不要急于追求完美。

第八,有规律地进行运动锻炼,可有助于缓解压力,改善睡眠,从而减轻抑郁的程度。运动可降低或增加与抑郁相关的神经递质或激素水平。促使人体内的部分生理功能出现转变,从而进一步影响到老年人心理情绪,最终达到抗抑郁的效果。[2]

第九,调节兴趣。从事一些有趣的、分散紧张和压力的创造性活动项目。兴趣爱好是预防老年人抑郁情绪发生的保护因素,无兴趣爱好的老年人抑郁情绪发生率比有兴趣爱好者增加2.98倍。[3]

第十,积极利用社会支持资源和注意开发新的社会支持网络。拥有情感支持可以减少晚年抑郁症状的发生,且情感支持可以缓解老年人的抑郁症状。[4]亲子支持作为老年人社会支持网络中的一种重要形式,能提升自身的安全感水平,从而进一步减缓抑郁风险。[5]老年人获得的亲子支持越多,安全感需求得到满足,越容易舒缓压力,形成乐观积极的生活态度。

第十一,不要试图承担一切,需要时,寻求他人的帮助和支持。

第十二,培养积极的老龄化意识,制定明确的人生目标,有计划地向着目标前进。

第十三,如果症状较为严重,可以去专业的医疗机构进行治疗。

---

[1] 刘昊,李强,薛兴利.中国农村失能老年人抑郁状况影响因素[J].中华疾病控制杂志,2019,23(8):966-970.
[2] 孙宇岸.运动康复对老年人抑郁心理及心率变异性的影响[J].中国老年学杂志,2019,39(5):2150-2152.
[3] 黄海蓉,陈晓峰,孙仕强等.360名深圳市退休老年人的抑郁状况及其影响因素分析[J].中国疗养医学,2016,25(7):684-686.
[4] Sharifian N, O'Brien EL. Resource or Hindrance? The benefits and Costs of Social Support for Functional Difficulties and Its Implications for Depressive Symptoms [J]. Aging Mental Health, 2019, 23 (5): 618-624.
[5] 周玮,洪紫静,胡蓉蓉,朱婷婷,刘燊,张林.亲子支持与老年人抑郁情绪的关系:安全感和情绪表达的作用[J].心理发展与教育,2020,36(2):249-256.

四、恐惧

恐惧是在遇到某些特殊事件或与人交往时,产生的不合情理的强烈畏惧或紧张不安的体验,同时伴有回避行为。老化恐惧是指个体对于老龄化相关的社会丧失和人际丧失的担忧与恐惧。首先,衰老过程中会面临多种丧失,如身体机能下降、经济状况不佳、亲戚朋友或配偶死亡、社会角色丧失和社会孤立等,这些都可能会使个体在老年期产生恐惧[1]。其次,老年人的自我刻板印象和自我老化歧视[2],认为自己无能、依赖和幼稚,也会滋生老化恐惧。

(一)老年恐惧情绪产生的原因

随着年龄的增长,老年人害怕的事情越来越多,最明显的便是对死亡的恐惧以及对死后的顾虑。因此,老年人变得越来越害怕生病,或者害怕生活里会遇到各种不开心的事情,对自己的一切缺乏信心,缺乏安全感,这样不知不觉中就形成了一种恐惧感。

(二)老年恐惧情绪的表现

患有恐惧症的老年人,一般做什么事都小心翼翼,常常感到恐惧、害怕,但是却说不出害怕什么。而且这种莫名其妙的恐惧感总是时刻存在,让他们终日惶恐不安,提心吊胆过日子。

(三)老年恐惧情绪的调节方法

针对老年人的恐惧情绪,可以采用以下几种方法进行调节。

第一,通过与他人交谈得到帮助。公开恐惧感也许可以缓解压力,试图隐藏则无法获取所需要的帮助。

第二,从小事做起。小事通常是可控制的,从做小事的成功体验中强化自我效能,增强自信。研究表明,老化恐惧情绪越强烈,掌控感越弱。[3]

---

[1] 杨航,邵景进,张乾寒,蒋悦,李加美,白学俊.老化恐惧与老年人受骗易感性:安全感和掌控感的中介作用[J].中国临床心理学杂志,2019,27(5):1036-1040.
[2] Bai X, Lai DWL, Guo A. Ageism and Depression: Perceptions of Older People as a Burden in China[J]. Journal of Social Issues, 2016, 72(1): 26-46.
[3] Ross CE, Drentea P. Consequences of Retirement Activities for Distress and the Sense of Personal Control[J]. Journal of Health & Social Behavior, 1998, 39(4): 317-334.

缺乏掌控感时,心理越脆弱,越不相信周围世界。

第三,进行自我检查与监测,找出所恐惧的事物或环境,澄清恐惧根源。

第四,对于某件事情知道得越多,控制感越强,恐惧感就越小。如果有些事你想做但感到害怕,那就不断练习,这样将产生"我能做"的自信感觉。

第五,了解有关恐惧的相关知识,提醒自己恐惧并非无可救药,相信通过自己的努力能战胜恐惧心理。

第六,运用体育锻炼、积极自我对话以及渐进式肌肉放松或静思等方法,缓解与恐惧相关的躯体和情绪应激体验。

第七,通过观察学习其他人有效应对恐惧的方法和行为来缓解恐惧。

第八,转换对事物的看法,尝试创造性地解决问题。例如想象讲话的对象是幼儿园的孩子,可以降低被听众评判的恐惧。

第九,对恐惧体验进行分级,从无恐惧或最小的恐惧到最强烈的恐惧体验逐步克服。

第十,寻求专业帮助。如果症状严重可能患有焦虑障碍,需要在医生指导下接受药物治疗和心理治疗,如系统脱敏疗法或满灌疗法。

五、愤怒

愤怒是由于人的主观愿望和活动与客观事实相违背,或是愿望受阻无法实现时产生的激烈的情绪反应。研究表明,相较于年轻人,老年人更少体验到愤怒。并且,老年人能有意识地避免愤怒以维持可耐受的生理唤醒水平。但老年人一旦愤怒,更容易猝死。

(一)老年愤怒情绪产生的原因

老年人的愤怒情绪是由紧张、敌意的心理,真实或想象的失败、伤害、威胁,或遭遇不公正待遇所引起。

(二)老年愤怒情绪的表现

当人发怒时,常会出现心跳加速、心律紊乱等现象,由于易怒而导致心悸、失眠、高血压、胃溃疡等猝死的人也不在少数。此外,易怒易使人丧失理智,从而导致出现损物、伤人甚至犯罪等许多失去理智的行为。

(三)老年愤怒情绪的调节方法

第一,向能够设身处地为你着想的家人、朋友等倾诉感受。

第二,进行自我对话,把负性思维转变为正性思维。

第三,不急于争辩,先使用深呼吸、渐进式肌肉放松等放松技巧平静自己的情绪。只要你保持平静,就能控制好局面。

第四,当认为某人应该对你遭受的压力、忧虑或者挫折负责时,用正确的方式来表达愤怒。

第五,当需要或需求处于冲突或争议中时,要对别人做出一些让步。研究表明,处于愤怒情绪中,个体缩小认知范围,[①]更容易做出错误的决策。

第六,充分开发和利用个人资源和社会支持系统,为自己提供帮助、支持、关心和鼓励。

第七,培养积极的自尊感。规划个人发展,确定目标,实现自我发展,进行自我监测。首先,可以促进家庭功能的完善,提高老人的自尊,从根本上预防老人的愤怒。其次,在社区介入中可以帮助老人提高自尊,进而转化其愤怒。最后,也可以采用家庭治疗的形式,帮助家庭改善功能,提高老人的自尊感,及时处理老人的愤怒情绪。[②]

第八,写出情绪和想法。写一封不打算寄送的毫无保留的信,宣泄内心的愤怒和压抑情绪。

第九,写日记。回顾分析经历过的困难,评估为克服困难做出的努力,明确需要进一步解决的问题,或者弄清楚阻碍自己所期望取得的进步和发生变化的不良模式,增强自我效能感。

第十,学会放弃。自己只能控制自己,如果有的事情是自己无法控制的,那么就做出让步,接受现实,放弃不做。

---

① 刘丽婷. 恐惧和愤怒对认知控制的影响[J]. 心理学探新, 2016, 36(1): 31-35.
② 刘丽, 赵丽涛. 家庭功能对愤怒的影响:自尊的中介作用[J]. 山西大学学报(哲学社会科学版), 2018, 41(5): 139-144.

第四节　老年人人际交往特点与常见交往障碍

一、人际交往概述

(一)人际交往的含义

人际交往是指个体与周围人之间一种心理和行为的沟通过程,是人类社会活动的重要内容和形式,是人类社会的本质特征。不管愿意与否,每个人都要与其他人进行一定的交往。在交往的过程中,不可避免地会出现一些人际关系紧张的问题,这要求人们必须要加深对人际交往的理解,学会与他人进行交往,只有这样才能与他人建立良好的人际关系,化解矛盾,促进沟通。

(二)人际交往的心理效应

在人际交往中,不同的群体有不同的特点、交往方式。但是,正如每个人都会有人际交往的需求一样,人际交往也遵循着相同的心理效应。具体来说,人际交往的心理效应主要有以下几个。

1. 首因效应

首因也可以说是第一印象,因此首因效应也可以说是在人际交往中第一印象形成的心理效果。第一次见面时,交往对象的表情、体态、仪表、服装、谈吐、礼节等使我们形成了第一印象。这种在首因效应作用下形成的第一印象会在相当长的时间里直接影响人们对交往对象的评价和看法。初次印象是人际交往的基础,是取信于人的出发点。而且,人们往往对第一次见面时的印象记忆深刻,而对后来接触到的因素不太注意甚至忽略。第一印象一旦建立起来,它对后来获得信息的理解和组织,有着强烈的定向作用。[①]如果第一印象良好,在以后的交往中总倾向于朝积极的方向去理解对方;反之,则容易形成偏见,朝消极的方向去看待对方。因此,在人际交往中应该注意留给他人良好的第一印象。

[①] 金盛华.社会心理学(第2版)[M].北京:高等教育出版社,2010:123.

2. 近因效应

近因是指在人际交往中近期印象形成的心理效果。近因效应,指的是人际交往中人们往往对最近获得的印象清晰深刻,会冲淡和破坏过去一直存在的印象。近因效应的产生,是因为在印象形成过程中,不断有足够引人注意的新信息提供,或者原来的印象已经随时间推移而淡忘。[①]也就是说,在近因效应的影响下,对他人最近、最新的认识占了主体地位,成为影响人际交往的重要因素。

需要特别指出的一点是,首因效应与近因效应不是对立的,而是一个问题的两个方面。首因效应在人际交往双方彼此生疏的阶段特别重要,但随着双方了解的加深,近因效应就开始发挥它的作用了。也就是说,在对陌生人的认知中,首因效应比较明显;而对熟识的人的认知中,近因效应比较明显。

3. 光环效应

光环效应又叫晕轮效应,指的是在人际交往中,人们常将对方所具有的某个特性泛化到其他方面的一系列特性上,从局部信息推论形成一个完整印象,做出全面结论的心理现象。光环效应对人际关系的建立具有很大的影响,大多数情况下,光环效应会导致人们犯"一叶障目"的错误,失去了对交往对象的正确判断,从而影响人际关系的建立。为了避免因为光环效应所带来的负面影响,人们在人际交往中应善于倾听和接受他人的意见,避免自己感情用事,错误评价他人。

4. 刻板效应

刻板效应是指人们对于某一类事物或人物形成一种比较固定、概括和笼统的看法,并认为所有的这类事物或人物都具有这些特性。刻板印象常常是许多人在不知不觉中产生的,会对人际交往带来不同程度的影响。在人际交往中,刻板效应的作用有积极和消极之分。积极作用在于它简化了人们的认知过程,因为当人们了解某类人的特征时,就相对容易推断这类人的个体特征;消极作用在于常使人戴"有色眼镜"看人,产生认知上的错觉,忽视交往对象可能具有共性的同时,还具有自己独特的个性。

---

① 金盛华. 社会心理学(第 2 版)[M]. 北京:高等教育出版社,2010:124.

二、老年人人际交往的特点

人到了老年期,由于生理、心理功能的变化,尤其是退休生活的开始,人际关系发生了新的变化,因此,老年人的人际交往就有了自身的特点。概括来说,这些特点主要包括以下几方面。

(一)交往范围相对缩小

到了老年期,由于生理、心理功能的逐渐衰退,活动能力和反应能力的下降,老年人的交往圈子逐渐缩小,交往对象主要是家庭成员、与自己兴趣爱好相同的朋友,而与原先的同事、兄弟姐妹的关系逐渐淡化。

(二)人际关系相对稳定

老年人由于心理的成熟、性格的稳定,又经历了长期的了解和认识,他们在与人交往中一般已经形成了相对固定的关系。比如,与过去的同事、同学、朋友成了莫逆之交;与一些亲戚保持着不近不疏的关系;与一般的邻居只是点头之交等,这些关系都比较稳定,而不像年轻人那样易变。

(三)比较慎重地选择交往对象

老年人在几十年的人生旅程中经历了许许多多的成功和失败,积累了许许多多的经验和教训,这些宝贵的经验教训使得老年人在人际交往中显得比较小心谨慎,他们往往喜欢以审视的眼光和谨慎的态度来看待对方,然后才决定是否与之交往。

(四)人际交往的内容比较深刻

老年人由于生活阅历比较丰富,他们交往不再只注重表面的东西,而是更重视内在的因素,比如兴趣相同、态度相近、有共同的志向和人生价值观等。

三、老年人常见的交往障碍

在老年人的社会生活中,往往有这样一些老年人,无论他们如何努力,也得不到其他人的好感,常常处于人际交往的失败状态。出现这种现象,大多是由于老年人自身的原因,即交往中的心理障碍所致。概括来说,老年人在人际交往中一般容易产生以下心理障碍。

（一）孤僻

可能有的老年人会说,不做什么违背道德的事,只是性格孤僻一点没什么。这种想法是大错特错的,因为孤僻可能会导致老人出现严重的人际交往问题,例如有这样一位老人,他年轻的时候曾经是高级工程师,退休之后,他自恃清高,说话的时候总是一副高高在上的样子,对周围其他的老人很是瞧不起,自然也不愿意与他们来往,日子久了,这位老人竟然得了老年痴呆症,这使得很多认识他的人都非常吃惊,由此可见,性格孤傲的老人往往因为孤僻引起人际交往不协调。这样的老人应该通过心理咨询得到启发,在与人交往时打破自己设置的心理障碍,敞开心扉,用坦荡、真挚的感情去赢得别人的理解,以获得友谊。

（二）自负

自负是指在与他人交往中,自以为了不起,总有一种高高在上的心理。有一位老人由于退休前是一位职务较高的领导干部,改变角色后总与人相处不好,平时与别人交往时,常常显得更关心自己,只注重个人的感受,显得目中无人。他高兴时就夸夸其谈,海阔天空,无所顾忌;不高兴时又大发脾气,并且从来不分场合,也从不考虑别人的感受。这是一种自负的行为。由于自负,这位老人与别人交往时,总是过高地估计自己的威信,觉得别人都很信任自己,因此,经常喜欢打听别人的隐私或者传一些闲话。久而久之,其他老人对其有戒备心理,敬而远之,使这位老人的人际交往陷入了困境,成了不受欢迎的人。

（三）嫉妒

在交往过程中,有些老年人自己无力或不愿意改变自己的现状,从而产生极大的失落感,引起内心的忧虑和痛苦。这种不良情绪经过内心多次反馈和激化,就变成嫉妒。比如,有些品德不太完美的老年人常常嫉妒品德高尚的人。当发现自己身上缺乏某种美德时,便会感到紧张,当听到别人失败或有缺陷时,就会兴高采烈,这些都是嫉妒心理在起作用。这种老年人往往会在交往中以挑剔、挖苦来待人处事。显然,这种老人在家不能与家庭成员和睦相处,在外不能与他人友好相待,在交往中容易引起是非,成为不受欢迎的人。

第五节　建立与维护老年人良好人际关系的对策

一、老年人拥有良好人际关系的重要性

人是生活在社会中的人,作为一个社会人,我们总是不可避免地与他人进行着各种各样的互动,建立着各种各样的关系,从而产生人际交往。脱离了人际交往的人很难成为一个真正意义上的人。对于老年人这个特殊的群体而言,人际交往就具有更加重要的意义,概括来说,良好的人际交往对老年人的重要意义主要包括以下几方面。

（一）良好的人际关系可以满足老年人心理归属的需求

一个人的生存离不开阳光、空气、水和食物,但仅仅拥有这些并不能使一个人幸福而快乐地生存。一个身心健康的人还会有其他很多方面的需要。美国著名的心理学家马斯洛把人的需求按其重要程度划分为生理需求、安全需求、社交需求、尊重需求以及自我需求五个层次（图4-2）。

图4-2　马斯洛需求层次理论

其中前两项属于低层次的需求,后三项则属于高层次的需求。一般情况下,人们为了生存会先追求低层次的需求。在低层次的需求得到满足后,人们会渴望满足更高层次的需求。

目前,我国已建立了比较完善的社会养老保障体系,基本实现了老有所养,大部分老年人都能够满足穿衣、吃饭、住房等较低层次的要求。然而,仅仅实现这些并不能使每一位老年人都感到幸福,因为老人们也渴望着更高层次的需要得到满足。人际交往正是满足老年人这些高层次需求

的重要途径。通过人际交往,老年人可以感受到别人对自己的关怀,满足心理归属与爱的高级需要,也可以从别人的尊敬和赞扬中重新体会到自己的价值,从而满足老年人心理归属的更高层次的需求。

(二)良好的人际关系是消除老年人孤独感的好方法

进入老年期的退休老人更容易在生活中体验孤独、品味孤独的感受。大量的研究资料都指出,孤独感这种消极的情感体验对老年人的身心健康是非常有害的,那些失去老伴儿又极少与子女、与他人交往的孤独老年人,其患病率比经常与人交往的老年人要高出一倍。老年人如果可以走出家门,走进老年大学,走进社区和街道等各种老年组织,回归到同龄人群体中,当情感的交流重新出现在生活中时,当空闲的时间被各种充实的活动所取代时,孤独感自然就会消失得无影无踪,取而代之的是在交往中获得的幸福感和满足感。所以说,良好的人际关系是消除老年人孤独感的好方法。

(三)良好的人际关系有助于帮助老年人建立强大的社会支持系统

他人给予的关怀可以帮助个体建立强大的社会支持系统。现实生活中,我们谁都无法预料会有哪些应激事件的产生。当应激发生时,除了个体拥有良好的心理素质、能够及时进行自我心理疏导之外,拥有良好人际关系的支持、拥有强大的社会支持系统是帮助我们应对困境、走出心理沼泽的重要保障。有心理学家的研究表明,在那些曾经中风的老年人中,如果他的社会支持系统良好,有良好的人际关系支持,那么中风复发的概率就会明显小于那些人际关系薄弱的老人。

二、建立与维护老年人人际关系的相关对策

良好的人际关系,有的时候真的可以发挥超乎想象的作用。生活在良好的人际氛围中,时刻感受到他人的关怀与支持,有利于老年人保持良好的心境。而临床医学的资料显示,病人住院时,如果前去探望的人多,病人更容易康复。心理学研究认为,这是由于探望者会给病人带来安慰,让他体验到人与人之间的关爱,心情会变得轻松愉快,觉得活着是美丽的,从而产生尽快康复的强烈愿望。概括来说,可以采取以下对策来建立与维护老年人的人际关系。

(一)掌握四条基本的心理学原则

处理人际关系,有以下四条基本的心理学原则必须遵守。
第一,会话交谈时,目光注视对方。
第二,充分尊重对方的内心秘密或隐私。
第三,在听到对方的内心秘密后不要把内容泄露给他人。
第四,不在背后批评别人,保住对方的面子。

(二)遵循说话的准则

人际沟通、待人接物的另一个重要手段是会话。要营造良好的会话气氛,应遵循以下三条准则。
第一,积极和明确的说话方式。
第二,对他人的话必要时加以赞许或首肯。
第三,适当加以提问,给别人以某种暗示。

(三)穿着打扮得体大方

人们在形成对他人的印象时总是倾向于利用所掌握的有限信息做出自己的判断。比如我们一看到西装革履的人,就会觉得很正式,也会比较郑重地对待对方所提出的问题或要求。这就是穿着打扮的重要性。所以,当人们对一个人的内在性格特征并不了解时,他的外在特征就会成为人们形成印象时的重要信息。而在交往初期形成的这种第一印象又会比较顽固地影响着以后的交往过程。合体大方的装扮会让那些与你交往的人感受到你对他们的尊重,同时也可以给自己一份自信。因此,穿着打扮在社会交往中意义重大,千万不要忽视它的作用。

(四)交往中要多寻找"相似点"

相似点就是在交往中和别人的相似之处。如同一专业、同一工作性质等是角色相似点;同乡、同事、校友等是地缘相似点;志向和爱好等相同是情趣相似点;而心理相似则是气质、能力、个性等方面的接近;政治态度、作风品质和对重大问题的判断及价值取向的合拍等是思想观点的相似点。每位老人与别人的交往和建立友情都是逐步发展起来的,这其中的桥梁就是交往双方经过不断接触而寻找到的"相似点"。老年人之间有求同的愿望时,才会产生一致的话题和相同的兴趣,就会感到越来越投缘。所以,老年人在交往中以双方的相似点为基准,并且要善于发现相似点,从而建立良好的人际关系,并不断发展彼此之间的友谊。

(五)自我悦纳,增强自信心

有些老年人退休后,从工作岗位退下来了和过去的同事失去联系,常觉得自己老了,别人都不愿与自己打交道了,于是陷入了孤寂的状态。其实,人越到老年越应该多与人交往,老年人最怕的就是孤独。老年人也完全没有必要怕别人笑话或是怕丢面子等,只要是自在、愉快地和别人交流,双方的感受就都会是自在而愉快的。所以,老年人无论在何种状态下,都应该自我悦纳,增强自信心,积极与人交往。

(六)为人热情

心理学家的研究表明,热情是人的中心性品质,即当一个人的品质中有热情这一条时,他就很讨人喜欢、很易与人交往。但相反,如果一个人表面上看起来冷冰冰,不爱讲话也不苟言笑,给人的第一印象就是冷酷,对这样的人我们往往敬而远之。热情意味着你和气待人;意味着你放下自我,主动地与人进行最友好的交往;意味着你处于一种给予的状态,同时也愿意接纳别人。热情是一种积极的生活态度。但中国人讲究度,做事要有个分寸。冷淡不讨人喜欢、易产生隔阂;而热情过火,也会让人起疑心或觉得不正常。老年人有着多年与人交往的经验,更应该懂得怎样把握热情的火候,做到彬彬有礼的同时又受人欢迎。

(七)尊重不同的想法和观点

现在的社会环境变化极快,许多老年人曾经经历的事情放在现在的社会时代是绝对不会再发生了,老年人也有许多观点和想法不再符合现代社会的要求,需要重新认识时代变化、与时俱进,那么和年轻人交往,了解年轻一辈的想法,了解这个时代、这个社会的变化,就是帮助老年人尝试新鲜事物、保持年轻心态的一个重要方法。当然,老年人继续保持自己的习惯和观点也是一件正常的事情,但是一味执于自己的想法、否认年轻一辈的任何观点,只能封闭在自己的世界里,无形中拒绝了和社会的接触,自然不容易建立良好的人际关系。因此,即使不接纳,也需要尊重不同观点,尝试交流,以开放的姿态面对越来越多样化的世界。

（八）要努力克服自身的交往障碍

不良心理障碍会给老年人的交往带来困难。因此，在某一方面有障碍或缺点的老人，如果想与别人建立广泛的交往，应正视自己的不足之处，积极加以纠正。

（九）更好地掌握交往的技巧

人际交往是一门艺术，它不是一朝一夕就能掌握得好或运用自如的，特别是老年人退休后各方面都发生了很大的变化。为了使老年人尽快地适应新生活，掌握一些交往的技巧是十分必要的。

第一，老年人在交往中应表现出乐意与别人交往的愿望和热情。平日要主动与相识的人打招呼；与生人交往时要主动做自我介绍，别人做自我介绍时，要注意听，表示对别人的尊重。

第二，在与别人交谈中，要注意顺着双方都有兴趣的话题交谈，这样才能形成融洽的气氛。老年人在交往中特别要注意的是：即使是很和谐的交谈，也不能一个人夸夸其谈，以免别人觉得厌倦，要给对方一些时间充分表达个人的思想，以便大家在交流中寻找更多的相似点，争取交到更多的朋友。

第三，交往中，要善待别人的不足之处。每个人都会有优缺点，特别是进入老年后，人在性格上有较大变化，只要不是严重的道德品质方面的问题，都应该包容，不能要求别人十全十美。在交往中互相弥补双方的不足，才能够广交朋友。

第五章 老年人的社会适应问题与性格变化

人进入老年期以后,在认知上会出现成熟性与衰老性并存的现象。他们经验丰富,事情看得比较透彻、准确,但是感官的弱化和神经机能的衰退导致老年人在心理上的很多方面都出现问题,包括社会适应与性格变化问题。有不少老年人难以正确地面对自己的衰老现象和老年生活,因而产生了极强的不适感。而在性格上,他们也开始变得刻板、固执、灵活性差等,这些会影响他们的身体健康、家庭和睦、人际交往等,总之会大大降低他们的老年生活质量。所以,应当针对问题找出应对的策略,来调适他们的心理,减少或消除因社会适应问题和性格变化给他们带来的消极影响。

第一节 老年人心理不适感的主要来源

人具有社会属性,任何一个人都不能离开社会而生存,而且还要努力适应社会。适应社会,就是要个体自觉地以社会或群体的行为规范来指导和约束自己的行为,即个体根据自己在社会关系体系中所处的特定社会地位来做出一套符合社会要求的行为模式。如果人在社会适应上出现问题,必然会产生深深的不适感,从而产生这样或那样的心理问题。老年人步入晚年后,往往就会因为各种原因而出现较为强烈的心理不适感。造成老年人这种心理不适感的来源,主要有以下几个方面。

一、身体机能的变化

所谓"怒伤肝,喜伤心,思伤脾,忧伤肺,恐伤肾",人的身体和心理是紧密相关的。进入老年期以后,人的身体机能会衰退,这是很正常的现象。但是,有不少老年人就不服老,就不愿意接受这一事实,因而产生了很强的不适感。最能引起老年人心理不适感的身体机能除了视听觉功能的衰

第五章 老年人的社会适应问题与性格变化

退外,还有神经功能的衰退和内分泌系统功能的衰退。

(一)视听觉功能衰退

步入老年期,变化最为明显的就是感知觉能力。尤其是视听觉能力随着年龄的增长逐渐衰退甚至丧失,给老年人的日常生活带来了不便的影响,比如影响他们的阅读、交际。

视觉功能的衰退不仅给老年人的正常生活带来了很多困难,同时也会增加老年人对自身身体健康情况下降的感知,从而表现出对自理能力、安全问题等多方面的过度担忧,造成较大的心理压力和精神负担。更有甚者,一些老年人会表现出悲观、绝望的消极情绪。无论是焦虑还是绝望,究其原因都是对其可能发展成为盲人,从而丧失生活自理能力的恐惧和担忧。同时,几乎所有视力低下的老年人都愿意不相信这样的检查结果,这一现象显示老年人对老年期功能衰退的回避和不安。

老年人的听觉器官逐渐老化,听力也相应地表现出衰退现象。听觉能力的衰退也会给老年人的日常生活带来很多影响,最为重要的可能就是在社会交往方面的阻碍作用。对儿童听力研究结果显示,听力受阻的儿童较正常儿童更难形成安全感,因为他们在有需要的时候,不能够通过语言轻松、准确地传达给他人,也很难感觉到远距离的听觉上的安慰和支持。此外,他们与同伴的相处也困难重重,由于无法用语言与他人沟通,会降低与他人的相处欲望,从而逐渐造成自卑、孤独的心理状态。其实,对于老年人来说,同样如此。进入老年期后,人的社交圈子会相应地缩小,加上社会角色的丧失,老年人很容易萌生孤独感,再加上听力衰退的问题,会使很多老年人更加不愿意、不敢、不能与人交流。这又会进一步增加老年人的孤独和无价值感,甚至增加抑郁状态出现的危险。

(二)神经功能衰退

随着年龄的增长,人的神经细胞会逐渐衰退和凋亡,致使脑变轻、沟回变平缓。神经功能衰退往往会引发一系列问题,生活中老年人可能会表现出爱忘事、计算速度慢等情况。很多老年人会对这种神经功能衰退现象产生"越老越没用"的感觉,进而引发沮丧、绝望、无意义感等消极情绪,并表现出低落的心境。有一些老年人神经功能的衰退更为明显,并可能引发一些疾病,如脑卒中、慢性疼痛和痴呆等,这些身体上的疾病发生后,多半会伴随抑郁、焦虑等心理状态的发生。

脑卒中患者发病会造成神经细胞及组织坏死,从而带来认知功能、肢体活动上的严重影响,使得老年人在生活和社交等方面都受到非常大的阻碍。脑卒中又称中风或脑血管意外,是由于脑部血管突然破裂或因血管阻塞导致血液不能流入大脑而引起脑组织损伤的一种疾病。这种疾病给任何人都会造成很大的心理压力,尤其是老年人。他们会因生活自理能力不同程度的丧失而产生自卑的心理感受,并且有的老年人会因为需要他人照顾而产生对子女、老伴儿的愧疚和对自己的责备之心。与此同时,患脑卒中的老年人也异常害怕孤独和寂寞,特别需要家属的支持和关爱,如果被嫌弃、被冷落或被抛弃,很多老年人更是会产生绝望的情绪。相关研究结果发现,脑卒中与抑郁症之间有密切的关系。20世纪80年代,国外研究者罗宾森(Robinson)发现脑卒中后重度抑郁的发病率大约是26%,轻度抑郁的发病率为24%,半年后罹患抑郁症的比例还会有明显的增长。对脑卒中后抑郁(Post Stroke Depression,PSD)的研究已经积累了相当多的资料,发病率多在30%到50%。[①] 国内有关PSD的研究也有不少,研究者发现脑卒中病人PSD的发病率也很高。

慢性疼痛也是神经功能衰退引发的一种疾病。长期持续的疼痛不仅会降低老年人的生活质量,影响他们的正常活动和社交,也会对其心理层面产生一定的影响。国外有研究显示,疼痛是老年焦虑症的风险因素,经常身体疼痛的老年人更易患焦虑症。这可能是因为长时间不能缓解的疼痛会使老年人对自己的身体健康水平或未来生活产生更多的担忧,并且睡眠质量也会大受影响,焦虑情况更可能频繁发生。慢性疼痛除了和焦虑症有关外,与抑郁症也有一定的联系。患有慢性疼痛疾病的老年人发生抑郁症的概率更高。

老年痴呆又叫阿尔茨海默病,是一种中枢神经系统变性病,起病隐袭,病程呈慢性进行性。临床上以记忆障碍、失语、失用、失认、视空间技能损害、执行功能障碍以及人格和行为改变等全面性痴呆表现为特征。老年痴呆的患者往往会表现出更为明显、更为多样的心理障碍。首先,他们容易表现出坐立不安、反复挑选衣服、来回走动、不停搓手等症状,这是他们失落和不安全感带来的焦虑所致。国内有研究者对80名老年痴呆患者进行调查研究,发现其中有27.5%患有焦虑症,这一比例明显高于健康老年人群的比例。[②] 其次,他们经常会有呆滞、退缩、食欲减退、心烦、睡眠障碍等抑郁症的表现。有相关研究对此进行了研究结果证实,即老

---

① 王大华,王玉龙.老年心理病理学[M].北京:中央广播电视大学出版社,2013:43.
② 向琴.早期老年性痴呆患者的心理行为特点及其干预效果[J].中国老年学杂志,2011(22).

年痴呆患者出现抑郁症的比例比较高。再次,他们的情绪往往不稳定,常为小事情发火、逃避、顽固、不合作等。最后,他们更加孩子气、话语增多、面部表情幼稚等。上述这些都属于心理上的异常表现。这些表现不仅对老年痴呆患者本人生活造成很大的影响,而且对其家属或其他照料者也带来了较大的困难。

(三)内分泌系统功能老化

内分泌系统与其他身体结构一样在老年期也会表现出老化的现象,但这个过程较为缓慢和持久。例如,甲状腺激素在老年期与成人期没有水平上的显著差异,但在老年期甲状腺激素的降解率和分泌量都会有所衰减,虽然甲状腺激素的浓度和基础代谢率都是较为稳定的,但是甲状腺的应激功能已经不如成年期。人体中肾上腺分泌的糖皮质激素的年老化表现也是如此,虽然浓度正常,但是其功能已经降低。性激素的变化稍有不同,随着年龄的增长,性激素的水平有明显下降趋势。无论是激素水平的变化,还是功能上的变化,都将在身体功能层面上有所表现,同时也会对老年人的心理造成影响。

库欣(Harvey Cushing)首先发现了内分泌疾病过程中会伴发抑郁症状,并在之后的研究中证实了他们的发现。肾上腺素、甲状腺激素等的分泌异常可以直接影响一些与抑郁相关的神经递质的水平,从而引发抑郁症状。

糖尿病、更年期综合征是常见的内分泌功能老化表现。患有糖尿病的病人往往会受到饮食的限制,同时伴有高催乳素血症,男性具有阳痿等外形上的受损,可能引发紧张、敌意、不安,部分人表现出淡漠感。较为严重的糖尿病老年患者可能会有绝望等消极情绪,他们常常拒绝服用降糖药物或注射胰岛素。

更年期综合征是指性激素波动或减少所致的一系列以自主神经系统功能紊乱为主,伴有神经心理症状的一种症候群。老年人出现更年期综合征往往会引发较多的心理变化。国内学者近年来的研究发现,已经绝经的更年期妇女的心理健康水平明显低于全国非更年期女性的平均水平,躯体化、强迫、抑郁、焦虑、偏执和精神病均高于国内常模。对于女性来说,更年期所对应的生命阶段正是外界压力较大的时期。在此阶段,她们往往既要照顾父母、子女、伴侣等家庭成员,又要面对退休或即将退休带来的孤独和失落,再加上更年期生理变化,如盗汗、虚弱等,就很容易使她们产生焦虑甚至急躁、不安、偏执等心理。近年来,也有研究不断指出,男性也存在更年期综合征,只是没有女性那么明显。

俗话说,人要服老。这并不是消极无奈之下所说的话,而是指老年人应当认识到自己身上发生的变化,承认并且接纳自己身上发生的变化。进入老年期后,身体各项功能出现衰退,这是很正常的。从生理上讲,人体有些器官在度过黄金期之后很早就开始衰退了。比如人体的大脑和肺在20岁左右的时候就开始逐渐衰老,眼睛和心脏的功能在40岁左右的时候也开始走下坡路,听力反而是保健赛跑中的健将,能将良好的状态保持到50多岁。所以,虽然进入老年期后,各项器官明显开始老化,但也是有一个可以接受的过程。虽然伴随年老一起到来的是身体机能的衰退,但老年人在人生阅历上所拥有的宝贵经历、对于各种世事情感的深刻体验、岁月流逝中积累下的大量经验,都不是一朝一夕所能拥有的。所以,老年人更应当理性地看待人生的潮起潮落,把自己身体机能上的变化也当作人生发展的一部分。

二、社会角色的转变

在生活中,我们每一个人都在特定的社会关系体系中处于某个特定的社会地位,由此承担或扮演着某个特定的社会角色,并受到这一社会地位或者这个社会角色的制约,它影响着我们的行为方式,也影响着我们的心理。社会角色包括了一整套和人的社会地位相一致的权利、义务和行为模式,它是复杂丰富的并有着多种表现形式,这些表现形式处处体现着该社会角色的特点。一个人往往要同时扮演多个社会角色,如对于公司而言是职员、对于工作伙伴而言是同事、对自己的父母而言是儿女、对自己的子女而言是父母。在不同的人生阶段,人要扮演的社会角色也会有所不同。对于步入老年期的人来说,就面临着社会角色的转变。在这个角色转变过程中,如果老年人处理不当,不能很好地认同及适应自己的新角色,就会产生许多心理问题和生理问题。而这些在角色转变过程中出现的心理不适应问题,在刚刚进入老年生活的老年人身上更容易看到。

以下几种社会角色转变非常容易引起老年人心理不适感。

(一)主体角色转变为依赖角色

一个人在年轻的时候大多扮演的是主体角色,处在这种角色中的个体可以对自己的思想和行为负责,能不断地主动认识世界和改造世界,对自己持有较高的自信,觉得自己能力很强。而人老了之后,尤其是在退休之后,就很难继续扮演主体角色了。一方面,他们的身体逐渐衰老,行动能力、认知能力都有所下降,各种疾病浮出水面,于是在日常起居方面越来越需要他人的照顾。另一方面,退休后老年人自己的各项能力不断下降,对于新知识的学习能力也不断下降,以前自己一个人能够完成的任务,现在也不得不依靠别人来完成。所以老年人具有掌控感的主体角色开始转变为依赖角色。很多老年人一直习惯于自己对自己负责、自己的事情自己做主,现在却不得不指望别人,这种掌控感的丧失和对于他人的依赖对习惯于自主独立的老年人而言非常难以适应,所以常常伴随着强烈的沮丧感。

事实上,这种负面情绪是可以慢慢调整消除的,关键在于老年人一定要正确认识到生命由幼年到壮年的不断成熟、从壮年到老年的不断衰老是一个自然的过程。就像树木从春之发芽到夏之繁茂,再由秋之成熟到冬之萧条,每一阶段都有不一样的特点,都有不一样的美丽。老年人完全可以在这一特定的时期也绽放出这一时期特定的美。例如,《闻香识女人》里面的失明上校,在和照顾他的年轻学生相处的时间里,由拒绝照顾、拒绝合作、拒绝帮助到乐于合作、互帮互助,在新的人生阶段找到了新的生活意义。这一切的关键在于,不将别人的帮助视为同情和自己能力丧失的证明。老年期只是生命中的一个阶段,每个人都没有办法独立生活在这个世界上,我们必然要和不同的人接触,只不过在不同的生命阶段,应当使用不同的接触和交流方式。

(二)工作角色转变为家庭角色

工作角色,是指有一份工作,担任一个职务,承担一项社会义务。在退休之前,人都是有明确的工作角色的。单位的工作角色往往会给人带来成就感,而工作上所取得的成就则可以增强个体的自信心和个体对自己的肯定。然而,在退休之后,大多数老年人不再继续工作,不再担任某一工作职责,也没有工作业绩这一衡量自己价值的指标,而主要在家里做家务,如做饭、带孩子等,或者不用做家务,整天处于闲逛的状态中。所以,不少老年人就感觉一下子失去了自己的生活重心,内心异常空虚。他们从工作角色转变为家庭角色。他们有了大量的闲暇时间,却不知道该干些什么,整天很茫然,不知所措,无所事事,不适感非常强烈。

老年人要想摆脱闲暇所带来的空虚感,就要正确理解自己所处的生活阶段、正确理解"闲暇"的概念。闲暇并不等于没有用,也不等于没有价值。心理学家认为,闲暇更重要的意义在于发展人性,促使人对自己的深入理解和挖掘,进行创造性的自我发展,可以使人主动地、比以前更为自由地选择活动。所以,老年人就应该充分把握闲暇时间,充实自己的生活。比如参加各种居委会组织、业余爱好小团体等。这样不仅能丰富自己的老年生活,还能继续为社会创造不少价值。例如,在某一年春晚一炮走红的舞蹈团体"俏夕阳",就是全部由退休老年人自发组织而成的,她们的舞姿不但洋溢着活力和激情,更是让很多专业团体对其绝妙的创意和突出的表现手法自叹不如。

还有的老年人在退休回归家庭后,依然按照工作场合中的作风来行事,这也会带来很多不适感。例如,有位老年人退休前在单位是"说一不二"的一把手,在单位做了一辈子的领导,退休后在家里和家人交流的时候,不由自主地会流露出"领导风度",摆出一副"公事公办"的行为举止,总是抱着"指导"家人的态度,这遭到了家人的反感、抱怨与冷淡。其实,这些老年人就是没有将角色转变过来,没有意识到工作环境向家庭环境的转变,也没有及时退出自己的工作角色,找到适合自己的家庭角色,人际关系自然会紧张,而自己也会觉得心里不舒畅。老年人要想顺利进入家庭角色,就要努力脱离工作角色。

(三)有配偶角色变为单身角色

人在进入老年后,可能会面临老伴的过世的问题,这就会使他们从有配偶角色向单身角色转变。在这一转变开始的时候,很多老年人都会处在痛失老伴的悲伤中,很难适应,尤其如果身边没有儿女的话,孤独感和寂寞感会非常强烈,有的还出现抑郁症,有的甚至不愿独自生活下去,想着自杀追随老伴而去。其实,老年人失去老伴,那种伤心痛苦的心情是可以理解的,但是没有必要一直沉浸在这种情绪之中。转变为单身角色后,老年人更要找寻一些有意义的事来做。如果身边没有子女,条件允许,可以选择入住养老院。失去老伴住进养老院后,改变了旧的环境和生活程序,其实是有利于人的内外环境相互适应的。在养老院这个新环境中,老年人更容易建立新的心理平衡。养老院的工作人员可多培养老年人的兴趣和注意力,让老年人把主要精力放在关心自己现在的生活和关心他人方面,使老年人在思念老伴的同时,振作精神继续开始新的生活。

三、时代的快速变迁

在古代,老年人的地位往往是非常高的。他们是知识、财富、经验、智慧、权威的象征。整个家族,甚至整个社会都以老年人为最后的核心,比如《红楼梦》中的老太君,就是庞大贾府幕后实际的权力操纵者。这种情况与古代人的生活方式和科技水平有关,由于知识学习和积累的方式有限,口口相传、言传身教的方式是知识传递、经验沿袭的重要方式,而拥有丰富人生阅历的老年人自然而然就成了社会知识财富的源泉。

然而,社会是在不断发展变迁的,旧时代已经远去,新时代已经到来。在新的时代中,社会、经济、政治、文化等都发生了相当大的变化,处在这一时代背景中的老年人很快发现,自己以往的经验似乎越来越不能解读现代的社会现象了。古代那种老人所拥有的崇高无上的地位,他们难以得到了;生活中出现的各种各样的电子产品让他们常常感到不知所措;小辈们不懂的东西也不再请教他们了,而是通过手机和电脑在网上查找……所以,有不少老年人觉得自己被抛弃在了时代的后面,跟不上这个时代的步伐,也难以融入其中,于是,陷入一种自身无用的苦恼之中,觉得生活得很不舒服;有些老人甚至开始渐渐封闭自己,拒绝接触新鲜事物,在自己和时代变化之间画上了一道隐形的分界线。

其实,正是时代的进步和飞速发展,解决了沉重劳动对人们生活、工作的束缚,使得现代人的生活变得更加丰富多彩,这一点对于老年朋友来说也不例外。因此,享受科技进步带来的便利,与年龄无关,与心态有关。老年人要想摆脱这种时代变化带给自己的不适感,就应当在疑惑中慢慢开始尝试改变自身,不要排斥也不要拒绝,不要觉得自己已经"老了",也不要抹不开面子,觉得不好意思,而要努力让自身行为与新时代相适应,尽情享受现代生活的便利。比如,老年人可以对着说明书学习手机的操作,甚至向小辈请教使用手机的方法;可以多接触一些新兴媒体,了解现在年轻人所面临的新的挑战和压力,尝试理解自己儿女们的想法;可以在商场去体验一番新兴产品,从而发现一些能改善自己生活,为自己带来方便的产品等。总之,要不断学习创造、尝试改变,不断加深对自己及自己周围环境的认识,并不断调整自己适应环境变化的心态。老年人拥有一个完美的老年生活并不难。不管社会时代怎么变化,总有些东西是不变的,如做人的气节、行事的根本,几十年积累下来的处世经验是岁月的馈赠,是经年累月留下的人生财富。老年人应当为拥有这些而自豪、自信。

第二节　老年人社会适应问题及应对

很多老年人,尤其是退休后的老年人,不仅要适应退休后所处的新的社会地位,以承担或扮演好自己退休后的社会角色,而且还要经受着一个"社会角色变换"的过程。如果他们在这一过程中适应不良,不能很好地认同及适应自己新的社会角色,就会产生许多心理和生理问题。面对社会适应问题,一定要正确对待,通过科学合理的方法来应对。

一、老年人的社会适应过程

(一)退休前阶段

在退休前的一段时间,老年人通常都会意识到,未来的退休是人生中一件必经的事,人人都要面对,并开始幻想退休后自己的养老生活。当然,也有的老年人比较迟钝,后知后觉,从未考虑过退休这件事。对于这一阶段的老年人来说,最好是对自己将离开工作岗位的状况有充分的思想准备,在感情上、行动上尽量坦然接受即将发生的变化,以积极乐观的态度对待将要到来的退休生活。

(二)蜜月阶段

刚退休的一段时间里,老年人一下子从平时紧张繁忙的工作中解脱了出来,有了充分的闲暇时间。他们便开始访亲探友、游山玩水、养鸟种花,平时想做却没有时间做的事情都开始着手做了。在追逐新的活动和角色时,他们感到自己更加精力充沛和满足。不过,这一时期并不稳定,许多老年朋友很可能在这一时期出现"假适应"的现象。也就是说,有些老人故意做很多事情,就是想用不断活动的办法从意识上来逃避自己老龄化这一事实,借着丰富多彩的活动来排除因身体功能降低而产生的不安。其实,过度参与活动来逃避正面退休后的生活,只会增加自己的负担。

(三)失望阶段

退休时间一长,老年人在按照自己的意愿和计划活动时逐渐发现,虽然自己拥有了很多自主安排的空闲时间,但是随着精力的下降和实际条件的局限,很多计划并不能实现。他们没有了退休前的资源,几十年如一日的工作生活规律也被打破,想象中的退休生活也不切实际。所以,他们开始对突然放慢的生活节奏产生了不适应,也开始对自己的年老感到失望、痛苦、沮丧。如果此时没有进行合理的心理调适,将很容易出现更多的心理问题。

(四)重新定位阶段

经过一段时间的休息、调整和适应,老年人清楚了自己在现实条件下能够期望什么、可以做什么、该如何去做,接受了老年人有所为和有所不为的现实,便开始重新审视自己的生活地位,接受局限性,并将注意力集中在退休后的适应上。

(五)稳定阶段

经过了重新定位阶段后,老年人的适应性更强,心理更加稳定,于是逐渐建立起了与自己文化背景、经济条件、个性特点相适应的养老生活模式。这一模式一旦建立,老年人就进入了稳定阶段,开始安度退休生活。处在这一阶段的老年人大多觉得没什么可担忧的,对退休生活比较满意,认为是人生的又一崭新阶段,会经常参加一些积极有益的活动,如练书法、画画、打太极拳等,会交一些朋友,经常性地聊聊天。

二、老年人的社会适应问题

老年人的社会适应问题有很多,主要表现在以下几个方面。

(一)情绪情感方面的问题

在情绪和情感方面,老年人由于中枢神经系统的变化,整个神经系统变得易于过度活动,而机体组织的衰老又使得老年人反应变得很不灵敏,致使老年人体验的情绪和情感要比年轻的时候更强烈,持续的时间也更长。人的情绪情感与人的身体状况也有着非常密切的关系。老年人更容易体弱多病,当长期处于身体不健康的状态时,老年人就很容易产生种种消极的情绪与情感,如不安、焦虑、抑郁、悲伤等。当然,每个老年人的心理表现是各不相同的,不同的老年人往往有不同的应激特点,但有一个共同点应引起我们的注意,那就是,由于生理、心理变化的特点,老年人可能会更多地受到应激的威胁,更容易深陷其中而使其身心健康受到损害。

(二)人际关系方面的问题

上了年纪之后,许多老年人的思维方式变得比较刻板,容易固执己见,爱钻牛角尖;思维的**敏捷性**、灵活性也大不如前,而且很多老年人表现出对新鲜事物的漠不关心、不敏感,因而适应新情况、解决新问题的应变能力也就逐渐下降。一些老年人一旦陷入这种状态,就常常不能自拔,开始自我封闭,不愿与人交往,不肯参加社会活动,变得固执、保守。也有一些老年人在与人交流的时候,很喜欢以自我为中心,如果他人不认同他的话就很是生气,长此以往,不仅同周围人的关系很紧张,而且也越来越没有了可以交流的朋友。

(三)生活环境方面的问题

进入老年生活后,往往通过三种方式养老:一是自己居住;二是与子女一同居住,由子女赡养;三是进入养老院养老。不管是哪种方式,老年人都将面临生活环境的变化。而养老院养老面临的环境变化最大。环境的改变会带来他们心理上的应激,出现各种不适感。

在我们的传统观念中,选择机构养老的老年人往往是子女无暇照顾、生活不能自理的老人,但实际上随着养老机构的不断完善和工作人员的专业化发展,很多即使有子女照顾的老人也愿意选择机构养老。当然,一定要注意让进入养老院的老年人能够及时适应从家庭到养老院这一生活环境的变化。在进入养老院之前,老年人退休后主要面对的环境是家庭,扮演的是居家生活角色,而进入养老院之后,老年人相应地从居家角色转换为集体生活角色。养老院的生活必然不同于居家生活,养老院是一个大集体,往往一间屋子住三四个老人,一般的生活事务都有专门的护理人员照料。老年人面对的也不再是家人,而是其他老人或机构的管理人员、护理人员等。在家中,其可能受到晚辈的尊敬和照顾,而进入养老院后,在周围的老人中就成了普通的一员,有时候还不得不谦让别人。老年人如不能处理好环境转换带来的变化,就会出现环境适应不良问题。

三、影响老年人社会适应的因素

有许多因素影响着老年人的社会适应,而以下四个因素被认为是最突出的。

(一)有无退休的思想准备

心理学家对老年人进行的研究发现,对退休有无思想准备与其刚退休的情绪反应有着非常密切的关系。对退休有思想准备的,在刚退休时,情绪表现比较稳定,社会适应良好;对退休毫无思想准备的,在刚退休时,则表现得心绪不宁,社会适应不良。

(二)文化程度与职业

老年人的文化程度与退休后的社会适应呈负相关。换句话说,就是文化程度越高的老年人,在退休后越难以适应社会生活,心理不适感越强。但也有研究发现,学历水平越高的老年人适应社会的程度越高。[1] 职业在一定程度上也影响着老年人的社会适应状况。一些从事辛苦的体力劳动的老年人,往往会认为退休生活就是"享清福",所以对退休生活往往持满意的态度,社会适应自然也比较好;而从事脑力劳动的老年人,退休后会一下子感觉到内心的空虚,所以适应不顺利。

(三)年龄与性别

年龄和性别对老年人退休生活的适应也有一定的影响。有相关调查研究发现,年龄较小的老年人生活满意度比年龄较大的老年人高。但也有学者认为,年龄并不是导致老年人社会适应困难的直接因素,相较而言,身体状况、心理态度等因素对老年人社会适应的影响更大。[2] 抱怨退休生活的男性老年人明显比女性老年人多。与退休前相比,男性参加各类社交活动和走亲访友的频率明显减少,外出的安全感下降、对人须加以防备的心理增强,明显感觉自己言论未得到充分自由;女性老年人外出的安全感亦下降,但是对国家及政治事务的关心程度提高。[3] 国外研究者推测,男性老年人的社会适应不如女性老年人,可能与男性老年人的自我期望以及对现实生活的要求较高有关。而年龄较小的老年人社会适应较好,可能与这些老年人在社会中比较容易找到新工作、更有精力培养和发展自己的兴趣爱好、社会活动的范围也比较大,有更多的途径排解退休生活的寂寞和孤独等因素有关。

(四)对原来生活的满意度

老年人对原来生活的满意状况与退休后的社会适应也存在一定的对

---

[1] 李珊. 农村移居老年人的社会适应及其影响因素探析 [J]. 安徽农业科学, 2011, 39 (13): 8107-8108.
[2] 陈勃, 桂瑶瑶. 农村老年人社会适应状况调查分析 [J]. 安徽农业科学, 2008, 36 (17): 7461-7463.
[3] 付泽建, 亓德云, 林可, 李香亭, 司梅, 李淑华. 城市居民退休前后社会适应能力变化趋势分析 [J]. 中国公共卫生, 2014, 30 (2): 155-158.

应关系。老年人通常依据自己设定的标准对整体生活质量做出评价,积极交往、身心平衡的老人对整体生活的满意程度较高。[①] 对原来生活的满意度越高,老年人退休后的社会适应也更好;反之则不然。

四、老年人社会适应问题的应对方法

(一)学会积极面对

善于面对,是指面对现实,活在当下,过好每一天。美国心理学家卡耐基在《人性的优点》中提出:要活在"和别的日子完全隔绝的今日里"。老年人面临着认知与接受其角色改变的巨大挑战,若是能正确地认知并能够顺利地接受这一角色改变,将有助于其老年生活的适应。[②] 所以,老年人既无需懊恼过去,也不必担忧未来,而是要牢牢地把握现在,过好每一个"今天"。关于如何过好每一天,最关键的是要学会积极面对。

第一,要积极面对空闲时间。老年人忙碌了一辈子,退休后,终于有了大量的闲暇时间。有的老年人认为现在正是该享乐的时候,任意挥霍时间;也有的老年人闲得无聊,闲得犯愁。其实,这都是在消极地面对空闲时间。老年人应当学会合理安排时间,要给自己安排各种有利于健康、有利于智力和大脑保健的活动,如文娱、体育活动,学习琴棋书画等;要多参加社交活动,多与人交流,也可以力所能及地参与一些社会活动,满足老年人发挥余热的愿望。总之,老年人要学会用丰富多彩又有意义的活动充实养老生活的时间表,当然,千万别忘了把它安排得有规有律,有张有弛。

第二,要积极面对金钱。进入老年,尤其是退休后,老年人的经济收入都会有不同程度的下降,而老年人又常常要面临不时之需,每个人的情况都有所不同。所以,妥善管理自己的钱财也是进入老年后应当面对的事情。对于老年人来说,花钱要有计划、有安排,一定要有适量的积蓄,以备随时可能的急需。当然,过度的节俭也是不好的。有些老人身体不舒服,但舍不得花钱看医生,结果病情越来越严重,得不偿失;有些老人想要参加一些活动,但是怕花钱就选择什么也不参加,结果人际交往范围越来越窄,心情也得不到调节,内心越来越封闭、郁闷。所以,老年人要适度节俭,按计划开销。

第三,要积极面对应激事件。每个老年人都可能遇到一些意外事件,

---

① 范舟平. 老年人的社会适应辅助 [J]. 兰州教育学院学报,2012,28(8):14-16.
② 李敏芳. 随迁老人社会适应研究述评 [J]. 老龄科学研究,2014,2(6):20-27.

如突然失窃、丢失贵重东西、家人过世等。这些应激事件往往容易给老年人很大的打击。所以,积极面对应激事件很重要,具体是指在应激事件发生后,老年人应当保持镇静,理智判断,做好事后处理,能找到解决办法的通过各种途径寻找解决办法,没有解决办法的,乐观地去看待事情的发生,保持一颗平常心。

第四,要积极面对老年生活。老年生活并不是普遍无聊的一种生活模式。老年人应当正确看待它,认识到它只是每个人年老时必须要经历的一种生活,要善于从生活中寻找乐趣,善于控制自己的生活,减轻自己的心理负担。在老年女性丧偶的比例逐渐升高的现实情况下,应该提倡老年人再婚,让女性老年人自主选择再婚。在老年人自身愿意的条件下,子女不应该干涉她们的婚姻,使她们能够在伴侣的支持下更好地适应晚年生活。[1]

(二)学会忘记该忘记的

有的老年人总是喜欢回忆过去,抚今追昔,感慨万千,对一生所遇到的坎坷、挫折以及不幸幽幽怨怨;有的老年人对自己的一生充满遗憾和悔恨,唏嘘感伤,沉湎于过去,精神萎靡而不能自拔;还有的老年人对生活丧失信心,丧失勇气,自卑自贱、自暴自弃。他们没有认识到,回顾过去、伤感既往并不会改变过去,也不会对现在的生活发挥好的作用。所以,过去的就该让其过去,为了一些无能为力的事唏嘘不已毫无用处。老年人应当学会忘记,尽情拥抱现在,把握住现在的美好时光。

美国前总统尼克松就认为,回顾过去,只会感到自己在衰老,放眼未来,才会觉得自己还"年轻"。老年人要学会忘记,忘掉那些不愉快的事。尤其是对于那些遭受过的挫折、经历过的坎坷,不论它对自己的人生产生了多么坏的影响,造成了多么大的创伤,既然已经无法更改,就应当平静地接受,不要沉湎于遗憾、后悔、感伤之中,而要努力寻找现在生活中的快乐。如果自己还有一些年轻时没有完成的心愿,在能力范围内,可以继续尝试完成心愿。如果遇到力所不及的事,老年人不要纠缠在心,非强求自己干好不可。人生有顺境也有逆境,有成功也有失败。克服了困难,取得了成就,自然可体会到战胜困难的幸福,但在战胜不了困难时,还是尽早忘却为好,不要老挂在心头,也不要勉强自己去做。

当然,如果年轻的时候一帆风顺,取得了很多成就,生活过得也很美

---

[1] 陈勃,桂瑶瑶. 女性老年人社会适应的调查与分析[J]. 贵州师范大学学报(社会科学版),2008,(6):19-23.

好,年老的时候却不太如意,那么也不要一味地迷恋过去,让自己现在的生活尽是对昔日美好生活的回忆和眷恋。这种心态同样毫无益处,只会让自己的内心很累,还不如忘记过去的美好,欣然接受现在的生活,从现在的生活中找寻美好。

(三)学会享受

有些老年人年轻的时候工作兢兢业业,劳心劳力,在养育子女上更是倾注了大量的心血;年老退休了,虽然没有烦琐的工作了,却依然不轻松,总是事事操心。所以有的老人就称自己"一辈子都是操劳的命"。老年人确实会面临不少需要操心的家庭事务,但是并不代表所有的家庭事务都需要老年人来解决,也不是所有的事情老年人都能解决。儿女们的事情可以由儿女们自己解决,孙辈们的事情也应该首先由他们的爸爸妈妈来操心,真的没有必要将所有的事情都揽在自己身上,让自己的内心承受巨大的重担。这就需要老年人要学会享受。生活中有太多太多的美好可以享受,为什么不在有闲暇的时候好好享受呢?比如,可以去那些自己喜欢的地方随便走走,享受旅游生活;可以养养花、种种草,倾听大自然的声音,享受园艺生活。有兴趣爱好是老年人社会适应的保护机制,能提高老年人的生存质量。[1]老年人可以参加一两个艺术团体,如书法班、合唱团等,享受艺术生活。

当然,对于老年人来说,学会享受慢节奏的生活是非常重要的。过快的生活节奏会使老年人有疲于应付的感觉,神经紧张,甚至发生意外。慢生活节奏则能使老年人保持从容,保持心平气和,远离不必要的紧张与烦恼。随着科技的发展,老人们的晚年生活因为有了新技术产品的应用和价值观的变化而更加丰富多彩。年轻一代如果能教会老年人接受新事物,接受新科技,不仅有利于老年人的物质生活、精神生活,而且也有利于他们家庭生活、社会生活,更有利于他们在日新月异变化的社会中适应生活。[2]

(四)改善睡眠质量

睡眠质量对一个人的身心健康有着重要的影响。进入老年期以后,

---

[1] 钟森,汪文新,柴云,卢祖洵.十堰市城乡老年人社会适应能力测量及影响因素分析[J].中国社会医学杂志,2016,33(3):245-248.
[2] 黎春娴.文化反哺:城市老年人社会适应的新途径[J].学术探索,2012(8):46-48.

第五章 老年人的社会适应问题与性格变化

时常困扰着老年人的睡眠问题是普遍存在的。睡眠不仅是一种生理需要，也是一种能力。其实，老年人不必为睡眠少忧心忡忡。美国斯坦福大学的佛里德曼教授征召了一大批有睡眠问题的男性、女性老人，平均年龄69岁，进行实验。他把这些老人分成两组，甲组老人被要求改变睡眠习惯，晚睡早起，减少在床上的时间；乙组保持原习惯，也不限制他们在床上的时间。除此以外，两组的活动都相同，同时集中在一起，学习放松技术，即做肌肉一松一紧的运动以及心理治疗。6周以后，两组老人的睡眠都有了改善，但甲组效果更明显。他又随访了3个月，乙组老人的效果保持欠佳，而甲组老人的睡眠依然很好。这项研究结果表明，人的睡眠不是越多越好，老年人夜间有5小时睡眠，中午再睡1小时左右，就可以支撑到晚上睡得更迟些。

如果老年人特别容易失眠，可以试着通过以下几个方面来改善睡眠质量。

第一，睡前少吃东西、少饮水。睡前吃过多食物，尤其油腻之物，会增加老年人的胃肠负担，往往引起多梦；睡前若饮水太多，增加起夜排便次数，会影响睡眠，睡前应解好小便后再上床。

第二，选择适当卧具。老年人的床褥宜柔软、平坦、厚薄适中；枕头以质地适中、有适度弹性的枕头为好，如木棉枕、稻草枕、蒲绒枕、散泡沫枕等。

第三，注意睡眠的姿势。老年人睡觉时应"卧如弓"，尤其是右侧卧更好，有利于肌肉组织松弛，消除疲劳，还不会压迫胃及心脏。

第四，学会睡前放松。睡前在室外空气新鲜的地方慢慢散步半小时，练练太极拳，做做气功，自我按摩一下腰背肌肉，听听轻音乐……都可使人心情平静，有助于睡眠。睡前要避免做强度大的活动，不要喝浓茶或咖啡，以防神经过于兴奋。还可以在睡前用热水泡脚，或是喝一杯热牛奶来帮助自己入睡。

第五，调整睡眠环境。入睡前应关好灯，或使灯光暗淡，避免四周喧哗或发出噪声，室内温度和湿度都要适中。睡前开窗通风，让室内空气清新，氧气充足，这也是保证睡眠质量的一个重要因素。

第六，调节睡眠时间。一般来说，60～70岁老年人睡七八个小时；70岁以上老年人睡六七个小时便可。所以，老年人实在睡不着，不要强求，要顺其自然，做一些能够使心情平静下来的事，如看看书、听听音乐，中午或其他时间可安排适当的休息，以补充睡眠不足。

总之，上述六个方面对于老年人很好地应对社会适应问题有较大效果。此外，老年心理学家都恩曾在长期研究的基础上，针对老年人的社会适应给老年朋友提出过几条建议:在自己身体条件许可的范围内生活;适应经济收入减低的生活水平;要有医疗的保障;能创造性地发挥自己的能力;把对家庭的爱扩展到朋友们中间;在社会上努力得到别人的尊重;维持自我的统合性;把自己的知识和经验传授给后代。这些建议对老年人应对社会适应问题有着积极的意义,也应当加以借鉴。

第三节 老年期人格特征

人格,是指一个人在漫长的生命历程中,逐渐形成的稳定、持续的心理特点以及行为方式的总体。人格是否随着年龄增长而发展是心理学中最早的争论之一,至今关于人格的发展问题仍然存在两个理论阵营——稳定性和可变性。笔者认为,人格确实具有稳定性,但老年期的人格特质会发生一定的变化,所以稳定是相对的稳定,变化也是相对的变化。

一、人格的特点

(一)整体性

人格是人的各种行为活动和各种心理机能的综合整体,是人各个部分相互联系、协调一致运作的结果。它主要包含能力、气质、性格、意志、认知、需要、动机、态度、价值观、行为、习惯等多种成分和特质。这些密切联系、综合成为一个有机组织体现在人的身上,就形成了一个人的人格。

人格心理学的任务就是把个别的心理机能有机地综合起来进行了解,探讨它如何适应各种内外刺激,如何构成人格特质。完成这一任务的基础就是把个体理解为一个完整的人、全体的人。所以,人格的整体性是其非常重要的一个特点。一个正常的人,其各个心理机能和行为活动是有机地成为一个整体的,其与现实环境能保持协调一致,能顺利地适应生活。

(二)稳定性

人格的稳定性主要表现在两个方面。首先,人格是持久而稳定的行为模式,具有跨时间的持续性特点。个体作为一个"自我",不论年龄、环境、职业、经济收入、身体状况、思想感情等发生了什么样的变化,它永远是一个具体的、真实的自我,仍然是同一个人,不会变为另一个人,这就是自我的持续性。持续的自我是人格稳定性的一个重要方面。其次,人格具有跨情境一致性的特点。例如,一个典型内向性的老年人,他不仅在工作时不善于交际、不喜欢结交朋友,退休后闲暇了也照样不喜交往,不喜聚会,朋友较少。虽然偶尔也会表现出喜欢和人交谈、来往,愿意参加一些聚会,但这并不是他的人格特征,他的人格特征仍然是内向的,喜欢安静独处,与他人保持一定的距离。这就是说,情境不同并不影响人格特征。一个人经常表现出来的稳定的心理特征和行为特征,就是其人格特征。

(三)独特性

人格往往具有自我的独特特点,不同的人有不同的人格特征。在适应环境的时候,人们的心理特点和行为活动自然也是各不相同。每个人的能力、兴趣、认知方式、情绪表现以及价值观、人生观等都是不相同的。这些外部表现在人们的日常生活中随处可见,它们逐渐地形成与发展了人格的独特性。有些学者强调这是从父母那里继承了特定的遗传基因所致。

(四)可变性

遗传基因对一个人的人格可能产生影响,但它不是绝对的、唯一的、具有决定性作用的。人格心理学的生物学派所倡导的"进化人格理论",正在致力于探讨先天的遗传作用和后天的环境作用,各自在多大程度上对塑造人们的人格有影响。大量的调查研究结果证实,个体的人格是可以改变的。人格不是与生俱来、一成不变的,也不是像一张白纸一样可以随心所欲地绘制、捏造。老年人通过自身努力去不断塑造自己所需要的、理想的人格是行得通的。

(五)社会性

人格是社会人所特有的。"社会化"就是个体在与他人交往中,逐渐习得社会经验和社会规范的过程,也就是逐渐磨炼成为一个"自我"的过程。社会化使人获得人性,形成人格。人格既是社会化的对象,也是社会化的结果。所以,人格具有社会性特征。要想了解一个人的人格,就应当关注其在社会关系中的具体实践活动体系。

二、人格的特质理论

关于人格的理论有很多,主要有精神分析理论、特质理论、生物学理论、人本主义理论、行为主义和社会学习理论、认知理论这六个类别。这些派别分别从人格的某一个侧面进行探讨:精神分析理论强调,人们的无意识心理对行为方式差异起着重大作用;特质理论强调,人是处在具有各式各样人格特征的连续体的某一个位置之上;生物学理论强调,遗传素质与生理过程在人格个别差异上的作用;人本主义理论强调,责任感和自我认同感是形成人格差异的主因;行为主义和社会学习理论强调,条件反射和心理预期结果成就了人们的行为方式;认知理论强调,行为的差异是由信息加工方式造成的。其中,特质理论是历史悠久、广为人知、最具代表性的人格理论。因此,以下对人格的特质理论进行一定说明。

特质是个体区别于他人的可辨别的、相对稳定的方式。也有人指出,它是个体的人格结构,是虽然不能看见,但可以通过行为的一贯表现推断它确实存在的一种神经生理结构。特质除了刺激—反应而产生行为,还可以主动地激发和引导出使个体具有目标性、指向性的行动。通过特质使众多刺激在机能上等值起来,并使反应具有一致性。在刺激—反应机能的变化方面,特质既是行为的动力,也是行为的原因。例如,某个个体的特质是否是羞怯的,就可以从他缺少友谊、回避交往、喜欢独处、厌恶参加论坛、聚餐等聚会的行为反应中,推断出此个体很可能是内向者。

美国人格理论家卡特尔是人格特质因素论的创始人。1951年G.W.奥尔波特邀请卡特尔到哈佛大学工作时,卡特尔就开始用因素分析的方法研究人格。他用因素分析技术来推断人格的结构,探讨究竟有多少种不同的人格特质。在测量、研究了数百种人格特质之后,他发现其中许多特质都是相关的。例如,不善交际和内向虽然有些细微的差异,但二者却并非截然不同。卡特尔认为,如果能把相关特质进行归类,分离出那些独立的特质,就能够确定人格的基本结构,从而确定基本人格的数量。卡特尔一生工作勤奋,他通过长期对大量的各种不同来源的资料进行因素分析,最后确定有16种人格因素是构成人格的基本要素。它们是深层的、代表行为属性和功能的决定因素。这16种人格因素是各自独立的、普遍存在于每个年龄段和身处不同社会环境中的人身上。每个人的不同行为都是由这16种因素在各人身上的不同组合决定的。16种人格因素组成人类人格的基本特质,被称为"根源特质"。卡特尔确定的16个根源特质是:乐群性、聪慧性、稳定性、恃强性、兴奋性、有恒性、敢为性、敏感性、怀疑性、幻想性、世故性、忧虑性、实验性、独立性、自律性、紧张性。他据此而制定的"16项人格因素调查表"于1949年发表,它是第一个人格测量版本,并得到广泛的应用。它的修订版于2001年问世,是迄今为止被广泛应用的人格问卷。

在卡特尔之后,学者们对人格结构的研究有了长足的进展,确定和描述人格基本维度的工作,因相继出现了复杂的统计检验方法和数据处理中计算机的应用,加上更大规模、更多数据的资料,都进一步丰富并促进了此项研究。于是,一些不同的研究群体从许多不同的人格研究资料中,不断充实、不断筛选、不断发现,使得人格维度基本确定下来。

科斯塔和麦克雷的特质理论模型有三个基本假设:首先,特质建立在个体间比较的基础上,因为对于友好这类概念没有完全量化的标准;其次,构成一种特质的行为要避免和其他特质混淆;最后,特质构成一个特殊的人,具有稳定的人格特征。人们通常会假定那些在许多场合中都很友好的人在我们下一次见到他们时也会友好。按此来理解,特质理论假设人格在老年期可能只会出现微小的改变。

科斯塔和麦克雷的模型[①]包括五个独立的人格维度:神经质、外向性、经验的开放性、一致性—对抗性、认真负责—无责任性。其中每个维度都包含六个方面来反映其主要特征。

(1)神经质:包含焦虑、敌意、自我意识、沮丧、冲动和脆弱性。焦虑特质较高的人容易紧张、担心和悲观。具有敌意特质的人易怒,而且不易接触。高自我意识的人对批评敏感,容易自卑。沮丧特质的人容易悲伤,感觉没有希望,觉得自己没有价值。冲动特质的人缺乏自我控制。脆弱性较高的人无法应对压力,过分依赖别人的帮助。

(2)外向性:包括热情、合群、自信、活跃、寻求刺激、积极情绪。这六个方面可以概括为人际特质和情感特质,前三者为人际特质,后三者为情感特质。外向的人喜欢保持忙碌,他们看起来有用不完的精力,他们喜欢刺激和富有挑战的环境。

(3)经验的开放性:包括生动的想象力,对美的敏感,尝试新鲜事物的愿望,好奇心和求知欲,自由的价值观,强烈的个人感觉。

(4)一致性—对抗性:包括多疑、麻木、顽固、粗鲁、过分依赖、谦让。前四者是对抗性特质的人的倾向,后两者是一致性特质高的人的倾向。

(5)认真负责—无责任性:认真负责特质高的人工作努力、积极向

---

① McCre P R & Costa PT. The Structure of Interpersonal Traits: Wiggin's Cricumplex and the Five-Factor Model[J]. Journal of Personality and Social Psychology, 1989(56): 586-595.

上、坚忍谨慎、具有成就动机。缺乏责任感的人主要表现为懒惰、粗心、消沉、漫无目的。

三、老年期的人格类型

由于每个老年人的体质、经历、教育水平、教养程度以及经济收入、政治待遇等的不同,特别是兴趣、能力、气质、性格等方面的差异,所以不同的老年人往往有不同的人格特质。根据老年人的人格特质可以划分出以下五种人格类型。[①]

(一)成熟型人格

成熟型是比较理想的、良好的人格类型。成熟型人格的老年人往往能很快地改变社会角色,适应变化了的社会环境,不仅可以求生存,也可以求发展。国内很多学者都曾对人格健全与成熟的标准做过相应的探讨。其中,孙昌龄在1986年提出了以下五项条件。

第一,能保持开朗的心境。能排除心理障碍,将精神包袱甩开来,持续、稳定地保持愉快、满意和自信的心境;热爱生活,总是充满活力;对自己的聪明才智和潜在能力有足够的自信心;总是尽最大努力发挥自己的才智和能力,并在靠勤奋和智慧取得成就时,获得喜悦;能从工作、生活中寻求乐趣,不见异思迁,对调换工作、选择婚姻对象等,持稳重态度;能连续性地完成建设性的工作,乐观进取,不断激励自己,向更高一级的目标攀登;能不断地学习,增长智慧,培养情趣;善于休息,在闲暇的时间里享受陶冶情操的快乐。

第二,能保持正确的自我认识。有自我反省的自制力,能正确地评价自己;不妄自尊大,自视甚高,做力所不能及的工作,也不妄自菲薄,自轻自贱,甘愿放弃一切可以进取的机遇;能准确地认识事物,对事物不过分乐观或悲观,因而不会陷于困难的窘境;永远面对现实,不管现实对他来说是否愉快。

第三,能保持统一的人格。能在正确的人生观和信仰的支配下,形成高尚的理想和远大的抱负,有长远打算,不会为了眼前诱人的利益而放弃远大目标;能使自己的认识和行为相一致,不会因为私欲而背弃信仰;能使自己的一切需要、愿望、理想、目标都受完整的人格制约。

第四,能保持和谐的人际关系。乐于和别人交往,能用尊敬、信任、友

[①] 姜德珍. 老年人个性的变化与调适[J]. 解放军保健医学杂志,2002,4(2):120-122.

爱、宽容、谅解等积极态度与别人相处,分享、给予和接受爱与友谊;归属于一定的集体中,有志同道合的友伴,能和集体与他人休戚相关、安危与共、同心协力地合作共事;乐于牺牲个人的欲念,去为集体和他人谋求幸福。

第五,能保持与社会协调一致。对周围环境能密切接触、正确认识、良好适应;勇于探索,头脑灵活,思想行动能跟上时代的发展;符合社会规范的要求,为社会所接纳;凭理智办事,能适当听从一切合理建议;对自己的行为负责,不推卸责任,不诿过于人。

以上条件都齐备的老年人是很少的,但具备了其中几项的老年人,可以说就已经达到人格成熟化的水平了。

成熟型人格的老年人对待生活一般持满意或比较满意的态度,因而他们的幸福感强度高。退休后一般比较心安理得,对现处环境持积极态度,对未来衰老以至死亡不忧虑、不苦恼。

(二)退缩型人格

退缩型人格又可以分为以下三类。

第一,隐居依赖型人格。这一人格的老年人一般表现为:胸无抱负,失去生活目标,安于现状,得过且过。有的老年人对生活的适应性较差、独立性减弱、被动依赖、缺乏主见,把自己的幸福、欢乐等推向由别人做主。他们在物质和精神上期望得到社会、亲友、家人等的援助与支持。有的老年人退休下来感到安逸、解脱、潇洒、轻松,对人对事无动于衷、冷漠寡情、自我封闭、社交圈子变小。

第二,自我谴责型人格。这一人格的老年人自怨自艾,不满意自己现在的生活,认为已过去的大半生是烦恼、倒霉的人半生,把过去的不幸与辛酸全归咎于自己无能、窝囊、没出息、不争气或命运不好、失去机遇,于是自责、自怨、自恨、自厌的情绪日益深重,陷入悲观、绝望境地。这类老人有的内心压抑、憋闷气短、内疚自责、负罪感重,他们认为自己影响子女的发展前途、悔恨交加、自责自罚。有的变得不关心他人、漠视社会事物、孑然一身、形影孤单、远离人群、索然独居。他们的一个显著的人格特质是厌世思想严重,认为"晚死不如早死",早死可以尽快地结束自己悲惨的一生。

第三,悲观失望型人格。这一人格的老年人大多是因为经济收入少或贫病交加、生活起居无人照看、缺少子女关心体贴与救济帮助,晚景凄惨、无依无靠、饥寒交迫、前途茫茫,内心极度空虚以至绝望无生路。

(三) 防御型人格

防御型人格的老年人的自我防御机制较强,主要的表现有以下两方面。

第一,不情愿、不顺从"命运"安排的反抗心理。很多老年人表现为近乎病态般的"返童现象",他们穿着打扮、行为活动都极力模仿中年人以至年轻人。

第二,接近病态,自尊心过强、过重。他们逃避老化的现实,不自量力,仍旧努力工作,以致操劳过度、积劳成疾;他们在内心深处有挽留青春岁月不去的渴望,也有的老年人尽量遮掩他们力不从心、今非昔比的尴尬处境;他们很怕衰老、很怕死亡,想用繁忙的活动与不停顿的工作来淡化或抑制自己对衰老的畏惧与苦恼,排除因生理功能降低而产生的不安心理。

(四) 攻击型人格

攻击型人格的老年人,面对遭遇的困难和挫折会采取一种特殊的攻击形式,即反抗行为。这主要表现为发泄怨恨与愤怒,对周围人怀有敌意,有的想通过对别人的冷言冷语、尖酸刻薄的方式清除积压的怨恨。有的老年人总是不知足,奢望甚高,于是为了争取"公正待遇"而抱怨、苦恼、发火骂人、奔走呼号、满腹牢骚。

对攻击型人格的老年人,除鼓励他们加强自我修养、自我克制之外,必要时要给他们创造机会,让他们宣泄愤怒、怨恨等消极情绪。现在,有些退休工作处、老干部办公室等组织定期地举办"论坛会""聚餐会"等活动,让与会的老人们畅所欲言、尽情宣泄,会上很多老人慷慨陈词、声泪俱下,会后反映心情舒畅。

(五) 偏执型人格

偏执型人格的老年人绝大多数思想方法偏执、观念固执和重复。主要表现如下。

第一,思想狭窄,看问题片面。往往对自己已有的观念估计过高,把自己掌握的有限知识、技能认为是"无价之宝"。如不注意及时防治,有可能会发展成为思考失常、思维变异的"偏执症"。

第二,非常顽固。他们往往给人以假象,误认为他们很坚毅、很顽强。其实,他们所表现出来的"百折不挠""坚持到底",不达目的誓不罢休的行为,往往在客观上是不正确、不合理的"我行我素"。

第五章　老年人的社会适应问题与性格变化

第三,过分敏感,无端猜疑,妒忌心重,不信任别人,表情冷漠严峻,缺乏幽默。

偏执的老年人习惯了的思想方法,会在大脑皮层上形成一个"惰性兴奋中心"。当某种思想、观念深深地扎根在头脑里后,就会形成固定的"模式""定型",使得他们习惯于不用花费更多的脑力,养成一种习惯、定式,于是习惯于老框框、老章法。

对于偏执型人格的老年人,要因势利导地帮助他们转变成性格坚毅的人,最好的办法就是让他们在有限的余生中找到一个感兴趣的、能长久为之奋斗和忙碌的生活目标;帮助他们加强学习,提高修养,克服虚荣心理,培养高尚情趣;帮助他们加强自我调控,善于克制自己;引导他们紧跟时代步伐,勇于接受新事物。

总的来说,老年人尤其是退休后的老年人,为了适应新的生活环境,适应新的社会角色,应该很好地了解自我的人格类型和人格特质,不断塑造适合老年生活的人格类型,克服人格发展的缺陷,争取成为成熟型人格的老年人。成熟的人格更能使他们保持健康的身心,从而安度晚年。

四、老年人的医学人格

美国心脏病学家弗雷德曼和罗森曼曾请家具商到自己的医院修理破损的家具。家具商修理家具时问两位医生:"你们的病人是否都有心急病?"弗雷德曼和罗森曼感到很惊奇,就问:"为什么呢?"家具商告诉他们说:"我看你们的椅子、沙发等家具的扶手都坏了,一定是病人们心急用手抓坏的。"这件事引起了弗雷德曼和罗森曼的关注,他们对此进行了进一步的研究,并根据研究结果提出了 A 型与 B 型人格理论。这一理论很快在世界各国传播开来,成为人们诊断心脏病,甚至癌症等疾病的重要理论之一。对于老年人来说,也有 A 型、B 型、C 型人格之分。A 型、C 型人格与疾病有很大关联,而 B 型人格属于较为理想的人格。

(一) A 型人格

A 型人格的老年人,脾气比较火爆,遇事容易急躁,喜欢与人争吵,竞争性与好胜心强,有泛化式的敌意心理,爱显示自己的才华,对工作成就不满足,习惯做紧张的工作,即使从工作岗位上退下来,却"退而不休",仍然"忘我"地拼命工作,很少休息。所以,这种人格的老年人很容易出现极端信息超负荷的状态,容易使精神压力影响身心健康。因此,老年人需要比较稳定地处在一个最适宜的信息负荷状态,避免由于孤独等原因所出现的信息过低负荷状态,也要避免信息过强超负荷状态。

A 型人格与高血压、冠心病等疾病有一定的关系。这是弗雷德曼和罗森曼通过临床观察发现的。A 型人格老人一般血胆固醇和三酸甘油酯都较高,经常处于情绪紧张状态,遭受刺激后就会心跳加快、呼吸加快、恼怒、狂躁、怨恨等,使中枢神经处在兴奋的状态,内分泌发生变化,从而使血压升高,人体抵抗力、调节修复能力下降。长期如此,就易患动脉硬化、高血压、冠心病等疾病。

(二) C 型人格

C 型人格的老年人往往孤僻离群、人际交往少,内心冲突大,情绪压抑,委曲求全,逆来顺受,但内心却又极不服气。他们常常给人以不急不躁的印象,日常生活和工作中能与人保持表面和谐,但是其内心却悲观失望,矛盾而痛苦。如果这种矛盾情绪经常出现,就可能破坏人体免疫功能,导致癌症的发生。国际上有一些研究癌症与人格关系的科学家,就把易患癌症的人格归为 C 型人格(与 A 型人格和 B 型人格相对应),也称之为"癌症人格"。当然,癌症发生发展的原因是心理、社会、生物三大因素相互作用的结果,并非只有心理因素。

(三) B 型人格

对老年人来说,B 型人格是最理想的人格类型。B 型人格的老年人多表现为温和平静、心胸开朗、从容大度、与人为善、不过分逞强好胜、随遇而安。他们从来不曾有时间上的紧迫感以及其他类似的不适感;认为没有必要表现或讨论自己的成就和业绩,除非环境要求如此,因此总是比较低调;他们会充分享受娱乐和休闲时光,也不会因为充分放松而感到愧疚。在长寿的老年人中,B 型人格约占 80% 以上。

第四节 老年人性格变化的应对

性格是一个人对自己、对他人、对周围事物和对整个生活环境所抱的态度和行为方式,有相对稳定的心理特征。虽然少年时期是性格的塑造阶段,更容易受到环境的影响,但即使是人到中年甚至老年,也不能忽略环境对性格的影响。人们常说"江山易改,本性难移",尤其老年人几十年形成的性格要想改变是一件很困难的事;但是性格并非与生俱来的,性格是先天与后天的合成,在生活过程中,性格发生变化并不是不可能的。大约从 55 岁开始,人的性格开始向两极老化:一些老年人变得固执己见,急躁易怒,孤僻自大,叫"强化";有些老年人则变得言无定见,行无定律,自卑自弃,叫"弱化"。研究表明性格在十年左右时间内大体稳定,75 岁以后的十年看来要比 65 岁以后的十年变化要大些。[①] 因此,随着年龄增长,人的个性特点既有持续稳定的一面,也有变化更多的一面。尤其是那些衰老较快的老年人,性格变化还是比较明显的。老年人对生活中的负性事件不能自我宽解,爱激动,易激惹、紧张,这些性格特征正是他们所患心身疾病,尤其是循环系统疾病的心理因素的根本所在。[②]

一、老年人性格变化阶段

美国老年心理学家皮克专门对老人性格变化的阶段进行了研究,提出了"性格变化阶段论"。他把人的后半生分为七个阶段,这七个阶段划分的标准不是依据年龄,而是根据人的社会心理特征,每一阶段,人在心理上都有一种转化。

一般来说,前四个心理转化阶段处于中年期;后三个心理转化阶段处于老年期。不过在事实上,人与人之间的差异还是比较大的。

第一阶段:尊重智慧胜过尊重体力。人到中年,体力逐渐下降,精力不如以往,而人生的经验与智慧却日益增长。因此进入中年期的人们,往往更加重视并充分利用自己的经验与智慧来适应社会的需要,他们不再倾向依赖体力来有效地工作。"用手"和"用脑"的意义对他们来说,后者显得更为重要。阅历是中年人和老年人最大的财富。

第二阶段:社会的人际关系胜过两性的人际关系。伴随着年龄的增长,中老年人往往不再把异性作为性的对象,而是作为朋友对待,并努力发展新的、更具深度的人际关系。中老年人在这一阶段,会更看重知己的价值。忘年之交、生死之交可用来形容中老年人深厚的友谊。

第三阶段:情绪的淡漠胜过情绪的丰富。进入这一阶段后,人的情绪从鲜花之"绚烂"归于落叶之"平淡"。中老年人对于社会上的热门话题、热门人物、热门活动开始缺乏兴趣并很少参与。他们较多地转向自己的内心世界。

---

① 许淑莲.老年心理学[M].北京:科学出版社,1987:174.
② 赵美玉,李有菊,刘翠平,刘巧侠.老年人性格与疾病研究[J].健康心理学杂志,2001,9(1):9-10.

第四阶段：心理上的刻板性胜过随和性。经过几十年的漫长生活，老年人逐渐形成起来的对外界事物的态度已经比较固定，他们对自己的看法也相当固定，形成了一套比较模式化的行为方式。这时，老人的心理上开始有闭锁的倾向，他们对于新的理论或思想不易接受，变得"顽固"起来。因此，这一时期内老人需要努力保持心理上的随和性和开放性，这样有利于适应老年期的生活。

第五阶段：关心自己胜过关心工作。年轻时有工作的时候，人们一般会把工作看得和自己一样重要，十分有事业心，希望在工作领域闯出一片天地。然而离开了工作岗位之后，老人就开始变得更加关心自己了，形成了新的评价自己的标准，他们评价自己的价值将单纯地以自己的为人为依据，而与工作的业绩无关。

第六阶段：关心身体健康胜过关心心理健康。年轻的时候，身体一般没有什么问题，所以一般人更关注心理上的快乐与痛苦；而到了老年，人的各种功能衰退了，身体健康经常出问题，于是老人往往十分关心自己的身体健康，相对来说，对自己的精神生活就显得注意不够。这时老人应注意摆脱以身体健康为中心的想法，增加社会交往，充实内心的心理生活。

第七阶段：对死亡的恐惧。如果老人开始预感自己的死亡，并产生恐惧感时，应劝导老人以自我超脱的态度来看待，坦然地面对死亡。"自我超脱"可以通过继续为社会做贡献来实现，如帮助他人、加强友谊等，使老年人度过一个充实的晚年，摆脱对死亡的恐惧。

皮克所提出的人生后半期性格特征的七个阶段理论，为老年人保持心理协调、顺利地度过晚年提供了重要启示和标准。在人的一生发展中，必然会在各个阶段遇到矛盾与挑战，因此，在生命周期的各个阶段，做好充分的物质和心理准备，是十分重要的。

二、老年人性格变化后的特点

国内外很多学者对老年人性格特点进行了研究。比如，孙颖心认为，老年人的个性具有自我中心性（表现得任性顽固，并且顽固程度越来越深）、猜疑性（由于感觉能力的衰退而产生的胡乱猜测、嫉妒、乖僻）、保守性（讨厌新奇的东西、偏爱旧日的习惯和想法）、疑病（过分关心自己的身体）、牢骚（总喜欢回忆往日的生活，不能把握现状）。[①] 美国心理学家纽加坦认为，老年人相同的特性只有一个，即内向性，因为老年人更无所顾忌，

---

① 孙颖心.老年心理学[M].北京：经济管理出版社，2007：134.

越到老了越喜欢活得像自己,同时觉得交往太累等,还不如自闭起来,而这种内向性有时是很不好的。

进入老年期后,老年人的适应性减退,一方面保持优良的传统、习惯、作风,另一方面也容易为陈腐的框框束缚,很多时候表现得刻板、固执;喜欢怀旧,对外界环境有一定的冷漠表现;办事稳重,做事讲原则,有耐性,考虑事情周密详尽、有条不紊,但思维比较迟钝,反应不太灵活;求稳怕乱,不愿出纰漏,焦虑而又多疑且心里总有一种恐惧感;爱沉默不语,有时候又喋喋不休,常有孤独寂寞感;追求安全和舒心,拒绝改变和对于新鲜事物的接触。有研究者参考艾森克人格问卷,从外倾性、情绪状态、病理性格3个方面,将性格分为A组(性格内向、胆小、对自己健康过于焦虑、不善交际、安静、离群、睡眠障碍、有强烈情绪反应)和B组(性格外向、冒险、爱交际、兴奋、喜欢活动),结果发现具有A组性格特征的老年病人其血浆5-HT、5-IHAA水平明显偏高,[1]在康复过程中心绞痛的发作几率大。[2]

三、老年人性格变化的应对策略

老年人性格不良是非常不利于老年人晚年生活的,不仅对他们的心理健康而言威胁极大,同时还会让他们产生退缩、逃避、拒绝与人交往的思想,影响到人际关系的和谐。所以,应当帮助老年人通过合理的方式来应对自己出现的不良性格。

(一)找到自己的精神支点

很多老年人之所以出现各种性格问题,主要就是因为他们在突然离开工作,面对老年生活时,一时之间找不到自己的精神支点,从而内心深处充满了无限的空虚之感。他们在生活中对什么都不感兴趣,看起来对什么都无所谓。他们在回顾自己的一生时,常常感叹人生几何,没有留下什么。觉得养老生活单调而枯燥,只是慢慢地度日而已。人有了精神支点,才会变得强而有力起来。具体来说,精神支点主要指的就是一个人的信仰、追求、兴趣和爱好。当老年人对自己的生活有一个向往的信仰、一个充实的追求、一个乐在其中的兴趣爱好,就不会觉得生活没有意思,也

---

[1] 吕伍文.老年人A型性格、冠心病与5-羟色胺的关系[J].中国公共卫生管理,2003,19(3):244-245.
[2] 万雪英,王丽平,李新颖.老年人性格特点对心肌梗死康复的影响[J].现代康复,2001,5(1):134.

不会觉得空虚寂寞了。

这种精神支点并不难建立,只要老年人转变心态,乐于观察生活、享受生活。比如,可以参加各种各样的休闲活动,像舞蹈队、书法班、合唱队等,有了这些兴趣爱好,生活就会变得充实起来,就会忘却烦恼,让心情变得好起来。社区是老年人集体活动的主要场所,经常参与社区活动不仅可以使老年人放松身心,丰富生活内涵,还能使其更好地接触社会,扩大人际交往,提升生活层面,实现自身价值和精神寄托,保持乐观向上的态度,从而提高老年人的生活质量,维持良好的身心健康状态。[①]

一些老年人和孙辈一起生活,与其说是帮忙照顾孙辈的生活,不如说找到了精神支点。因为他们在照顾的过程中不仅能够得到乐趣,也能找到自己的价值。有些儿女不让老年人带小辈,生怕会让老年人太劳累,其实这样的想法未免过于片面,如果老人身体好的话,让他们带带也未尝不可。

说到老人与小辈,就不得不说一种有效保持年轻、防止心理衰老的措施,即建立忘年交。忘年交,就是老年人和年轻人忘记年龄、职业、性别的一种平等的社交活动,彼此结为推心置腹、无话不谈的挚友,并保持不断的往来。这不仅是一项高雅的社交往来,而且能使老年人收到忘年、萌发童心的奇效。由于年轻人有憧憬未来、奋发向上、朝气蓬勃、进取心强的特点,而这正是老年人所缺少的。通过忘年交,年轻人这些积极的特点通过心理暗示,对老年人会起到潜移默化的作用,使之产生愉快、轻松、乐观、充满希望的情绪,从而达到忘我的境地,甚至出现青春重返的感觉。

(二)学会自信

老年人容易因为退休后没事做产生一种人老了,由于没用被社会所淘汰的自卑感,因为这份自卑感做什么事情都没有自信,生活也变得更加苦闷。所以,老年人一定要注意培养自己的自信心。自信是成功的前提,也是快乐的秘诀。只有自信了,才能在困难与挫折面前保持乐观,从而想办法战胜困难与挫折。所谓"自信人生二百年,会当水击三千里",自信的作用无疑是巨大的。老年人可以主动地去学习一种技能,并且相信积累的力量,慢慢地去学,相信总有一天会成功;可以多了解自己的优势与局限,如果自己确实对某一领域不擅长,不要自卑,不要给自己压力,要正确看待,认为这是很正常的;做任何事之前都做足准备工作,自信不等于

[①] 贾红力,段功香,陈雪梅等.社区老年人积极面对老龄化现状及其影响因素[J].中国老年学,2016,36(15):3812-3814.

第五章　老年人的社会适应问题与性格变化

自以为是,自以为是的人最终都会被现实抛弃,但是在做任何事之前,都提前做足了准备,那么想不自信都难,胸有成竹,自然万事不难。总之,培养自信的方法还有很多,老年人需用心去做、去体会。

(三)保持快乐的心情

一个人偶尔心情不好,不至于影响到性格,当烦心的事或不顺心的事情解决了,一般心情也就变好了。但如果老年人的心情长期不畅,长年累月地生气、烦恼、担忧,则有可能对老年人的性格造成较大的影响,变得忧郁、暴躁或是沮丧。所以,想方设法保持好心情是应对不良性格产生的最好方式。研究结果表明,积极乐观的人生态度影响老年人的身体健康已成为一个不争的事实。[①]

美国《预防》杂志刊文介绍了长寿专家提出的4条有助于保持快乐心情的好习惯。

第一,常打电话。保持长期的友谊,对维持快乐心情和身体健康大有好处。所以,老年人应经常给朋友打电话,与其保持密切关系。平时有空就约出来一起聚聚。研究结果发现,常打电话、常进行社交活动的老年人,思维更敏锐,血压不容易高,能预防心脏病,当然更重要的是能保持好心情。

第二,记录愉快时光。加利福尼亚大学的研究结果显示,将所有快乐的事情、值得感激的事记录下来的人在未来一周会更乐观,对他们的生活也会更为满意。当然,记录的次数也不宜过于频繁,否则会让这成为负担,一周三次比较好。

第三,多做好事。美国心理学家索尼娅博士的研究结果显示,一天做5件好事能使人变得幸福和安宁。对于老年人来说,没必要事先计划做什么好事,只要在平时的生活中尽可能地做一些举手之劳和微不足道的小事就好。因为就这样也能让人得到意外的回报,当然这里的回报主要指因做了好事给自己带来好心情。

第四,回忆过去。这里所说的回忆过去,并不是让老年人一直沉浸在不好的回忆之中,是偶尔抽出一些时间,对之前所经历过的一些人生大事,如大学时代、新婚之始、刚入职场、初为人母(父)等,写一下或是只是在心里想想。很多事情只有在若干年之后,才能发现,那件事的真正意义

---

① Lee S. An Exploration of Antecedents of Positive Affect among the Elderly: A Cross-Sectional Study[J]. European Journal of Public Health, 2016, 26(1): 187-191.

与价值所在,如果是美好的事能够增加老年人的快乐,如果是不好的事,可能通过回忆解开一直以来的心结。老年人通过组织、讲述和聆听心灵自传式故事,能够有益于他们感到有意义的生活,感受失去,给予和获得支持;能够加强他们的人际关系并获得心灵成长。[①]

(四)多换位思考

老年人要想应对自己的不良性格,还可以试试换位思考法。生活中经常有这样的情况发生,一件事,自己觉得做得很好,在别人看来却不尽然。因此,要想了解他人的看法和体会,那么做事前就要站在对方的立场上想想此事该如何做,能否接受。多换位思考,可使老年人做的事日臻完美,还能培养他们关心他人、认真负责的优良个性。每个人的思维方式都不一样,换位思考能更好地理解并进行彼此之间的沟通。

(五)做一些简单的心理训练

老年人要克服自己的不良性格,还可以通过一些简单的心理训练进行。比如,可以利用榜样激励法,以模范人物或成功老年人作为自己的榜样,不断鞭策自己;可以利用自我暗示法,时刻进行自我提醒、自我督促、自我激励,并通过积极的想象,促进情绪健康,改造不良个性;可以利用习惯潜化法,习惯的力量比任何理论的力量都要大得多,要努力培养自己良好的生活习惯,对于已经暴露或尚未暴露的不良习惯,应有意识地培养与之相反的习惯,通过这种新习惯来改变或克服原有的性格弱点。

需要注意的是,性格的优劣表现,并非绝对的泾渭分明。有时候,我们的缺点可能是我们的优点的继续,如果优点的继续超过应有的限度,表现得不是时候、不是地方,也可能会变成缺点。相反,性格的弱点并不是完全不能为人所接受。只要人敢于面对自我,不文过饰非,不强词夺理,那么性格的弱点就能被控制在一定的限度之内。

---

① Moschella MC. Spiritual Autobiography and Older Adults[J]. Pastoral Psychology, 2011 (60): 95-98.

第六章 退休老年人的心理转变特点及自我调适

老年人退休后,社会角色定位发生改变,以社会角色为主转为以家庭角色为主,过去忙碌的生活变为清闲自在。原来的同事、朋友不能再像在工作岗位上相处时间那么多,老年人因而感到失落、孤独、寂寞、不适应,这是常见的情况。尤其是原来居于领导地位的老年人退休后,这种失落感会更加明显。从岗位退下来以后,如果没有一颗平常心,孤独感就越强烈。如果不进行心理调适,就会出现一系列不良的心理现象,如冷漠、沮丧、多疑、怨恨、焦虑、烦恼、急躁等,严重的还出现一些精神症状。本章就退休老年人的心理转变特点及自我调适的相关内容进行探讨。

第一节 退休制度的局限与发展趋势

退休是指企事业单位的职工和国家机关工作人员达到一定年龄时,退出原来的生产和工作岗位,并按照规定领取一定的退休金。目前,我国已经制定了《中华人民共和国社会保险法》等一系列法律法规,对职工和国家工作人员的退休年龄、退休条件以及退休后的生活待遇做出规定。不过,我国当前的退休制度还存在不少问题,如退休年龄规定与当前的人口老龄化程度不相符,现行的退休制度是一种别无选择的刚性退休制度,退休年龄一刀切等。我国当前的退休制度需要改革,实行退休弹性制度的呼声也越来越高。

一、法定退休年龄的规定

法定退休年龄是指公民在工作达到一定年限后,应当退出劳动关系或者工作关系,并依法律所规定的条件和程序可以享受养老保险待遇的年龄界线。退休年龄是与一个国家的经济发展和社会进步息息相关的概念,也会受到人口的平均寿命、就业年龄等因素的影响,是对劳动年龄所做的上限规定。

我国现行法定退休年龄的规定始于1951年的《中华人民共和国劳动保险条例》。该条例在退休年龄规定:男职工的退休年龄为60周岁、工龄25年,女职工的退休年龄为50周岁、工龄20年,该规定基本奠定了中国现行退休年龄的基础。1953年修改后的《劳动保险条例》并未对退休年龄做出改动,至此,中国的企事业单位和国家机关普遍实行了统一的退休制度。1955年国务院颁布的《关于国家机关工作人员退休处理暂行办法》中第一次把女职工与女干部的退休年龄分别规定,即女干部的退休年龄为55周岁,女职工仍为50周岁退休不变。1957年国务院颁布的《关于工人、职员退休处理的暂行规定》对机关工作人员和工人的退休制度进行了调整和统一,但对退休年龄并未有实质性的调整,只是降低了最低工龄限制。1978年通过的《国务院关于安置老弱病残干部的暂行办法》《国务院关于工人退休、退职的暂行办法》仍然规定:企业职工退休年龄为男职工年满60周岁,女工人年满50周岁,女干部年满55周岁,其后虽有些细微变化,但基本上沿用了此规定。从我国有关退休年龄的政策不难看出,60多年来,退休年龄基本未曾改变,唯一补充了对一类特殊人群(女干部)的退休年龄的规定。

从国际上来看,美国和瑞典实行退休弹性制,即职工可选择在一定年龄区间内退休,美国退休年龄为62岁到70岁,瑞典法定退休年龄为61岁到70岁。目前,凡是已进入人口老龄化的国家,都已实施或准备实施延迟退休年龄政策。截至2010年底,所有欧洲发达国家的职工退休年龄都在61岁以上,只有卢森堡等3个国家规定的是60岁,英国、德国、西班牙、瑞典等绝大部分国家规定的是65岁退休,执行67岁退休这个最高规定的国家有两个——冰岛和挪威。未来计划继续提高退休年龄的国家有11个,包括英国、丹麦等国。德国的默克尔政府于2012年1月决定用12年的时间逐步将职工退休年龄延长至66岁,并再用6年时间到2030年将职工退休时间延长为67岁;日本职工退休年龄为60岁,男性将从2013年到2025年,女性将从2018年至2030年,退休年龄逐步延长为65岁。在提高退休年龄的改革中,一个值得注意的趋势是女性退休年龄逐渐提高,并不断向男性的退休年龄靠近。目前,规定男女同龄退休的发达国家占绝大多数,它们是冰岛(同为67岁,下同)、挪威(67岁)、瑞典(65岁)、丹麦(65岁)、芬兰(65岁)、爱尔兰(65岁)、德国(65岁)、荷兰(65岁)、西班牙(65岁)、葡萄牙(65岁)、法国(60.5岁)、比利时(60岁)、卢森堡(60岁)等。另一个值得注意的规律是,法定退休年龄"下调容易上调难"。法国和新西兰在20世纪80年代都曾轻而易举地将退休年龄从65岁下调到60岁,但在上调年龄的改革中则遇到了前所未有的巨大阻力。例如,法国从1995年开始就试图提高退休年龄,这项改革进行了10多年,代价惨重。

二、当前退休制度的局限

当前退休制度的局限主要表现在以下几个方面。

(一)退休年龄规定与当前的人口老龄化程度不相符

我国当前的退休年龄规定(男职工60周岁,女干部55岁,女职工50岁)还是沿用20世纪50年代的规定,当时的生产力水平低,体力劳动占较大比重,人口平均寿命40多岁。而随着经济的不断发展,生产力不断提高,脑力劳动越来越占主导地位,人均寿命也提高了,从20世纪50年代的40岁左右,提高到2013年的76岁,已位居中高收入国家之上。多年来,我国从人均寿命到人口结构、国民综合素质、受教育程度、社会经济结构和社会福利制度等都发生了重大而深刻的变化,但法定退休年龄却没有相应提高。根据学者的研究,"我国目前的实际退休年龄平均约为53岁"[1],与人口预期寿命严重失调:既没有考虑到整体上人口预期寿命快速延长,也没有考虑到人口预期寿命的地区差异,退休年龄规定与养老制度的联系缺乏灵活性。随着人口老龄化步伐的加快,将产生相应的社会矛盾和养老压力。国务院新闻办公室发布的《中国的人力资源状况》白皮书称,到2035年,我国将面临2名纳税人供养1名养老金领取者的情况。同时,在生产力水平的提高和经济的快速发展等众多因素的影响下,现行的退休年龄制度的弊端已逐渐显现,如何减少养老压力和保障退休人口权益已经成为政府亟待解决的问题。

(二)现行的退休制度是一种刚性退休制度,公民没有自主选择权

我国法定的退休年龄,对绝大多数群体来说,都是固定的、刚性的,即到点退休。所谓到点退休,指我国的退休年龄是一个固定的时点,到了这个时点,都要办理退休手续,想延长再工作一段时间是不可能的。反过来,

---

[1] 梁玉成.市场转型过程中的国家与市场——一项基于劳动力退休年龄的考察[J]. 中国社会科学,2007(5).

没有到政策规定的时点,也不能选择提前退休,没有一个弹性的个人选择退休的空间。比如许多国家采用在62至65岁之间,个人可以自主选择,而我国除对公务员等群体外没有这样的政策规定。虽然1955年国务院本着保护特殊工种和对人才重视的目的,颁布了《关于国家机关工作人员退休处理暂行办法》,明确规定了高级知识分子和一些少数高级专家,如果确因工作需要、同时身体健康能坚持正常工作,经上级主管部门批准,本人又同意者,允许延长5～10年退休;又进一步阐明个别的行业和单位可结合自身的具体情况延长退休年龄。虽然国家的这一规定使得少数个体有了退休的自主选择权,但毕竟覆盖面非常小,绝大多数人到了退休年龄只能按照规定进入退休状态。

(三)现行的退休年龄与现实人力资源情况不符

现行的退休年龄不符合因教育年限延长而造成的实际就业年限减少的现实情况,造成人力资源的巨大浪费。

随着我国整体教育水平的提高,人们受教育的年限在不断地延长,人力资本不断提升,如果较早地退休,将造成人力资本的浪费,影响人力资本的充分利用。根据全国人口普查数据,1964年第二次人口普查时,全国平均受教育时间为2.57年,2000年第五次人口普查时,全国平均受教育时间为7.18年,受教育时间延长了4.61年。我国人口的受教育程度大大延长。表6-1显示了我国人口每10万人拥有的受教育程度的变化。该数据是普查数据,因而跨度较大,但2000年、2010年的数据更能说明10年来我国人口受教育程度变化的趋势。由于受教育年限延长,劳动者进入劳动力市场的年限也在延后,如果退休年龄没有变化就意味着其在劳动力市场的时间相应缩短,人力资本投资回报相应降低。

表6-1 我国人口每10万人拥有的受教育程度[①]

单位:万人

年份	小学	初中	高中及中专	大专及以上
2000	35 701	33 961	11 146	3 611
2010	26 779	38 788	14 032	8 930

就整个社会而言,人们的平均工作年限相应减少,也就增加了社会养老压力。就个体而言,受教育时间越长的高素质人力资本,工作年限越短。

---

① 数据来源:《中国统计年鉴(2011)》,第五次全国人口普查(2000)和第六次全国人口普查(2010).

在我国现行教育制度下,一般本科毕业时22岁,硕士毕业时25岁,博士毕业时28岁,按照现行男性60岁为退休年龄计算,本科生可以工作38年,硕士生可以工作35年,而博士生只能工作32年。高素质人才的培养成本高,他们本应为社会多做贡献,但却早早地退出了工作岗位,这样无疑造成了人力资源的极大浪费。

另外,自我国实施科教兴国战略以来,全社会关注教育事业,用人单位在招聘人员的时候将接受教育程度作为选人、用人的门槛。这也就意味着劳动力在具备劳动能力的时候被迫退出劳动力市场,人力资本投资回报期被人为缩短,造成人力资本的严重浪费,劳动力进行人力资本投资的积极性也会大幅降低。

(四)退休年龄上的"一刀切"不利于老年人劳动潜能的发挥

我国现行的"一刀切"的退休制度,使许多高素质的知识型、技术型人才因年龄而不能继续在工作岗位上实现自己的社会价值。以高等院校教授为例,评选教授有诸多条件,能评上教授的高校教师是专业领域中的人才。高校教授退休的具体要求视具体学校情况而有一些差异,但差异不大。如果没有特殊规定,教授到了60岁必须退休。这样"一刀切"、没有弹性的退休制度使一部分临近退休的教授失去进取心与动力,空有雄心壮志却无法施展,有时造成人才断档的局面。极端的例子是某高校某个专业因某位老教授的退休,整个专业无法招生。这使得一方面尚能在专业技术领域中发挥重要作用的教授因退休导致人才闲置,另一方面则对专业领域产生重大的影响和冲击。可见,退休年龄上的"一刀切"不利于高龄劳动者或老年人劳动潜能的发挥。而目前普遍的提前退休事实还给养老金的支出带来巨大的压力,不利于社会养老事业的顺利进行。

三、退休制度改革建议及发展趋势

由于我国国情的特殊性,传统的退休制度改革思路存在某些局限性。显然,我国养老保险制度的构建进程及其未来走势、今后几十年劳动力市场供求矛盾的日益尖锐化、人口老龄化的自身演化规律,均使我国退休制度的改革面临种种困境,迫切需要改革,并顺势而为,尝试、探索退休弹性制度的实行。

(一)退休制度改革建议

1. 调整发展模式和就业模式

我国现行的发展模式和就业模式乃是西方现代化模式"中国化"进程中的一种体现,基本态势表现为资源扩展型、城市化的发展道路。如果现行发展模式没有一个根本转变,即从以资源扩张向以人为本的战略转移,从以城市为中心向以乡镇为中心发展模式的转变,那么,这一发展格局中的退休制度的调整空间总是非常有限的。同时,必须着眼于中国人口众多、劳动力资源充裕的基本国情,发展中间技术,发展劳动密集型产业,使我们具备退休制度调整的广阔空间和调整余地,扬长避短地推进中国式发展模式和就业模式。那么,按现行思路设计的我国经济社会发展进程中的诸多困境,均可以从根本上得以缓解。退休制度调整与劳动力市场供求矛盾的两难困境,亦有一种更为清晰的思路和措施。

2. 调整就业政策

显然,退休制度调整的一个基本的制度依托和政策依托,乃是从更广泛的经济、政治、文化的联系中,真正把握中国式发展模式的内在轨迹。应当在花大力气构建社会保障体系,包括建立强有力的社会救助基金的同时,逐步调整现行就业政策和实现经济增长方式的转变。实行以就业为中心的经济增长模式,强调以就业为中心的政策导向,固然有积极意义,但当前实施这一政策思路的内外部环境非常有限。因此,实行高收入和低就业的就业模式,或许是未来长期困难背景下的被动选择之一,如逐步实施每户 2/3 的家庭成员就业的模式,调整就业结构及其分布,以便从根本上缓解劳动力市场的供求矛盾,缓解失业压力,保证社会稳定。

3. 逐步提高法定退休年龄,延长退休

提高退休年龄已成了国际上退休制度改革的重要举措,近一二十年来很多国家都在调整原来法定的退休年龄。根据国际社会保障协会 1995 年的资料,仅从 1993 年到 1995 年就有 15 个国家延长了退休年龄。美国社会保障咨询委员会早在 1979 年就竭力主张,从 2000 年起开始逐步提高退休年龄,到 2028 年提高到 68 岁。根据我国的国情和借鉴国际经验,我国职工退休的法定年龄可从现在的男职工 60 岁、女职工 55 岁,提高到男职工 65 岁、女职工 60 岁,这一政策思路的呼声较高。在我国人口老龄化的压力下,退休年龄的调整宜早不宜迟,这一政策调整及其实施,具有重大的社会经济方面的积极效应。

4. 采取有效措施,坚决抑制提前退休

我国法定的退休年龄,从国际上看尽管不算高,但从实际执行看,违规提前退休现象仍然比较严重,造成实际退休年龄总体上比法定退休年龄偏低。2006年,劳动和社会保障部在全国开展的一项调查数据显示,参加调查的企业退休人员中,有997万人属于提前退休,占参加调查退休人员总数的56.8%。人力资源和社会保障部2012年最新的一项调查,全国退休平均年龄为53.29岁,其中男性57.4岁,女性50.6岁,企业退休人员平均52.69岁,事业单位54.96岁,机关56.8岁。造成这种现象的主要原因,一是企业职工个人提前退休意愿强;二是一些企业经济效益不好,人员过多,为降低成本、减员增效,想方设法为职工办理提前退休;三是退休制度本身也存在不足,在待遇上提前退休与按时退休待遇差距不大,诱使人们提前退休。一些提前退休的规定不具体,存在人为操作的漏洞。

如果说,提高法定退休年龄举措的效果需要较长的时间和周期方能体现,那么,采取果断措施,有效地抑制我国当前的提前退休,则具有重要而显著的政策效应,即可抑制退休费用的不正常增长,减轻企业和职工的负担,抑制提前退休对劳动者的负面影响。当务之急,是在完善失业保险制度和社会救助制度的同时,建立专项基金,妥善处理部分老职工的下岗失业问题。

5. 推行退休弹性政策

将法定退休年龄作为基本的退休年龄,同时要改变以前"一刀切"的做法,即要实行退休弹性政策。退休弹性政策是指允许劳动者在退休年龄、退休方式和退休收入方面具有某种弹性的、较为灵活的退休政策。2007年德国养老金改革讨论中有人提出了一个从工作向退休弹性过渡的建议,①逐渐成为许多欧美发达国家应付人口老龄化挑战、实施劳动力市场结构调整的重要政策主张,并发挥着愈来愈重要的作用。有一些国家为知识分子制定了特殊的退休政策,比如罗马尼亚就规定,政府工作人员男性62岁、女性57岁退休,而大学教授、副教授和一、二级科研人员以及其他高级知识分子则是男性65岁、女性60岁退休,如果本人愿意,还可推迟至70岁。在捷克,高级科技人员、研究人员和教学人员根本就没有退休年龄限制,一般都是由于身体不佳才离开工作岗位。我国完全可以借鉴国外的这些做法,建立弹性的离退休制度,使不同情况的人员可以有不同的退休年龄。关于退休弹性制度,后文将从发展趋势的角度进行

---

① 李亚军.从工作向退休弹性过渡[J].中国社会保障,2015(2):34-35.

更为详细的阐述。

6.建立与退休弹性制度配套的政策体系

要真正充分发挥退休弹性制度的作用,还需要有政策的引导和制度的保证。为此,建议采取如下措施。

(1)建立起较完善的老年人才市场体系

老年人才资源需要开发,要建立起多形式、多层次、多渠道、多部门的开发机制。老年人的素质、身体状况千差万别,各行业发展也不平衡,要从实际出发,采取多种形式开发利用老年人才资源,这就特别有必要建立老年人才市场。目前人才市场的工作对象和运行方式主要适用于年轻人才,对多数老年人才并不适用。因此,应该要研究探索建立富有特色、内涵丰富的老年人才市场。通过市场媒介,提供供求信息、供需见面、建立合同关系等形式,实现老年人才资源的合理流动和配置。

(2)建立起完善的老年人才资源开发管理服务体系

建立老年人才资源开发管理服务体系的主要内容应该是建立老年人才信息库和服务网络。优化老年人力资源开发环境,加强老年人力资源开发顶层设计,完善政策支持体系保障机制,完善低龄老年人力资源开发相关法律法规,构建全方位老年教育培训体系,建立规范的老年人口再就业服务平台[①]。各个地区有必要对现有离退休高级人才资源情况进行调查摸底,尽可能地全面掌握离退休群体的整体数量、行业分布、层次结构、专业分类等数据,形成老年人才信息库,为有特长的离退休老年人才建立信息卡,为老年人才参与社会工作、服务社区、参与公益活动等提供机会和条件。同时,抓好交流、推荐与介绍环节,如设立固定交流场所,举办大型交流洽谈会推荐,通过报刊、电视、广播等媒体发布人才信息等,为老年人才与用人单位牵线搭桥,提供沟通渠道,以及协调、解决有关矛盾和问题。

(3)建立老年人才管理、开发、协调机构与服务机制

兼顾大批老年知识分子继续参与社会、实现人生价值的愿望,和克服当前我国高级专业技术人员青黄不接、严重断层的实际情况,把老年人才资源的开发和利用当作一项系统性工程,建立专门的组织机构来管理。比如,可以设立类似日本"银色人才开发中心"那样的老年人才开发组织和协调机构,形成全国网络,进行协调管理,实行分类指导、分层开发、政府调控。陕西省为充分挖掘其"银色人才资源"优势,鼓励老同志积极踊

---

① 曾红颖,范宪伟.以老年人力资源优化开发积极应对人口老龄化[J].学术前沿,2019(3):100-103.

跃参加各类社会公益活动。2014年4月,陕西省委老干部局印发了《关于老干部志愿者参与社会公益事业活动的通知》,决定在省直各部门、各企事业单位、中央驻陕单位、省级老年社会组织中组建"老干部公益服务队"。该活动将按照"自觉自愿、量力而行,志在奉献、服务社会"的原则,开展医疗保健服务、科教服务、文化服务、扶贫帮困、网络评论、社区服务、文明出行、法律咨询、大型活动志愿服务等社会公益活动。

(二)退休制度发展趋势——实行退休弹性制度

法定退休年龄是依据国家法律、法规制定的,达到退休年龄的劳动者只能按照规定进入退休状态,这是一种别无选择的刚性退休制度。与强制退休制度不同的是,退休弹性制度在退休年龄的选择上,给了劳动者一个宽松的自主决策空间,同时配以相应的激励机制和奖惩办法予以保障。

1. 退休弹性制度的特点

强制与自愿并存是退休弹性制度的本质特征,主要表现在以下方面。
(1)尊重劳动者的自主选择权

在刚性退休制度实施的国家,法定退休年龄往往是工作与退休的法定界点;而在退休弹性制度实施的国家,法定退休年龄仅仅为退休与工作的可能性界点。退休弹性制度通过设定一个退休年龄区间,给了职工一个自由选择的弹性空间,同时尊重了个体之间的差异性;在达到法定最低退休年龄时,职工可以根据自身情况自主选择退出或继续留在劳动力市场,并选择在退休年龄区间内何时退休,使得此种退休制度具有了灵活选择性。此外,提前或延后退休亦有相应的激励制度。由此可以看出,退休弹性制度除了具有较大的自愿性外,还具有灵活性。
(2)退休弹性制度的弹性是有前提和限制的

实施退休弹性制度,职工只是在一定的区间内自由选择,并不代表任意无约束的行为。退休弹性制度明确界定了退休的最低年龄和最高年龄,退休弹性制度允许的幅度是硬性规定的,严格执行法律规定的条件和程序也是首要的。

2. 退休弹性制度的实践

弹性退休制度最早实践于20世纪70年代的欧美发达国家,当时的联邦德国在1972年放宽了公共养老金被保险人退休年龄的限制,在允许提前退休的同时,规定如果延后一年退休,养老金调整因子为全额养老金的109.9%;随着退休年龄的延后,调整因子逐渐增加,当退休年龄达到70岁时,个人的养老金领取额为全额养老金的128.7%。此后其他国家以此为范例,制定了弹性退休规则。例如,奥地利的法定退休年龄为65岁,但如果选择延迟退休,在66~70岁区间,每延迟一年增加全额养老金的3%,在70岁以上,每年的延迟退休奖励增至5%。法国于2004年规定,达到法定60岁退休年龄之后,每多工作缴费一年,养老金递增3%。美国规定,如果劳动者愿意推迟退休,那么他们的既得社会保障权益额会逐渐增加。

我国目前已经在上海试行了所谓"柔性退休制度"。作为全国最早进入老龄化社会的城市,上海市自2010年10月1日起开始实施《上海市企业各类人才柔性延迟办理申领基本养老金手续的试行意见》,该意见指出:三类人群到达法定退休年龄时,符合在上海市领取基本养老金条件,如果工作需要,身体健康,且本人能坚持正常工作,经本人申请,与企业协商一致后,可以协商签订新劳动协议,延迟申领基本养老金,男性一般不超过65周岁,女性一般不超过60周岁。第一类是具有专业技术职务资格的人员;第二类是具有技师、高级技师证书的技能人员;第三类是企业需要的其他人员。前两类需要相关的证书。第三类,既是对具有真才实学而无证书者的保护,也是尊重企业用人的自主选择。

很多专家学者建议,采用弹性退休方式是逐步提高我国退休年龄、遏制非正常提前退休的主要操作路径。在弹性退休制的具体设计上,应该参照国际经验,采用部分弹性退休的模式。所谓部分弹性退休,就是设定法定最低退休年龄、正常退休年龄和最高退休年龄三个标准。参保者在达到法定最低退休年龄时,可以申请提前退休。在达到法定正常退休年龄时,参保者可以选择退休,也可以根据个人意愿和用人单位需要,继续留在劳动力市场,并向基本养老保险制度缴费。当达到法定最高退休年龄时,除非特殊情况,用人单位必须与参保者解除劳动关系。部分弹性退休模式,一方面考虑了不同劳动者的自身劳动意愿和用人单位的需求情况,另一方面则设置了法定最高退休年龄和最低退休年龄,对于劳动者的退休权利予以立法保证。

3. 构建退休弹性制度时的注意点

(1)坚持充分就业原则与养老保障弹性化原则

在确保不影响年轻劳动力就业、保持劳动力市场供需平衡的前提下,实行退休弹性制度以促进劳动力市场吸纳老年人,同时要与社会保障制度相结合,以有效减轻社会养老的压力。也就是说在设计退休弹性制度时,坚持充分就业原则与养老保障弹性化原则,有效控制改革成本,确保退休弹性制度的顺利实施。

（2）对不同类型的社会群体实行差别措施

对不同类型的社会群体实行差别措施。一类群体为医生、教师、科技人员等专业性人才和知识性人才。毕竟我国劳动力市场上高端人才仍然缺乏，延迟退休也可以让这类人才继续发挥作用。另一类群体是工人，这类人群大多从事体力劳动，收入水平偏低且不是很稳定，外加部分政策性下岗人员固定经济来源有限，生活非常拮据，都希望按时甚至提前退休，以获得稳定的退休金，而延迟退休却有损他们的切身利益。

（3）制定退休弹性制度要合理科学确定法定退休年龄的上限

目前大多数实行退休弹性制度的国家一般将退休年龄幅度设置在5～6年左右。我国在进行退休弹性制度的尝试时，无需一次性全面实行跨度较大的退休选择期限，可以渐进地在提高法定退休年龄的基础上再进行退休弹性制度，而对于国家紧缺的高精尖人才或在某个领域具有特殊贡献的人才，可以考虑提高法定退休年龄的幅度。

第二节 退休与老年人的心理变化的关系

老年期是个体社会角色急剧变化的时期，退休是很多老年人不得不面对的一次重大转折。退休后个人将不再从事紧张的体力或者脑力劳动，闲暇时间增多，这会使得个体投资于健康的机会成本大大降低。[①]但退休带来的社会角色的转变和生活规律的变化，会使一些老年人对退休生活产生不适应感。同时，社会上也存在着很多"老年偏见"，会削弱老年人的生活信心，使他们产生无力感。如果我们能够充分了解老年人在退休过程中的心理特点及心理变化，就可以为老年人提供更多的社会支持，科学地引导退休老年人建立正确的自我概念，使老年人找到合适的社会角色定位，合理支配闲暇时间，积极进行社会参与，享受充实、愉快的退休生活。

一、退休对老年人心理的影响

退休是人们在老年期需要经历的一次重大转折，是一个不可避免的阶段。退休以后，老年人离开了自己的工作场所，由社会职业角色变为闲

[①] 刘生龙，郎晓娟. 退休对中国老年人口身体健康和心理健康的影响[J]. 人口研究，2017，41（5）：74-88.

暇角色。随着社会角色的转变,退休老年人的生活内容和节律、经济状况、社会地位、人际关系等都会发生很大变化。多项研究结果表明,伴随着身体功能的衰退、疾病的增加以及丧偶等一些消极生活事件的出现,退休老年人很容易出现失落感、孤独感、空虚感和自卑感等负面情绪,对其晚年生活产生不良影响。

从社会流动的观点来看,退休是一种向下的社会流动。退休后老年人的收入水平、社会地位、身体状况等都会有所下降,给一些人的身心造成不良的影响,但这不是退休的全部。退休后,老年人有更多的闲暇时间来陪同家人,打理家务,有更多的精力关注自己的身体健康,发展自己的兴趣爱好。退休后的生活能否成为老年人的"第二春天",关键是看老人能否尽快适应退休生活。老年人如果在退休前对以后的生活做好了各方面的准备,会对其适应退休生活产生积极的影响。若没有一点思想准备,则会情绪烦躁与不宁。

社会、单位和家庭都应在老年人退休前通过各种方式,如培训、咨询、座谈、随访等,帮助其做好预先应对。团体咨询是一种有效的预先应对方式。通过团体咨询,老年人可以对身心健康知识有更多的了解。同时,通过提前告知退休后面临的情况和压力,可以使老年人的负面情绪减少,不良行为得到调整和纠正,生活质量有所提高。预先应对的构建,使老人能够从容地面对生活的变化,对老年人帮助很大。研究结果表明,婚姻、积极锻炼、参加部分工作等都可以有助于退休后的身体和心理健康。[1]老年人自身也应积极做好自我调适,提高自己的内控水平,培养积极的生活态度。

二、退休老年人的心理需求

心理需求是指个体的心理要求。心理需求得到满足时可以降低或解除个体的焦虑和烦恼,增加其舒适及幸福感。生活转型比较成功的老年人自我价值感较强,行为调适能力强。在探讨老年人心理需求的种类方面,美国著名心理学家马斯洛的需要层次理论,描述了从低级到高级的五个层次的需要:生理需要、安全需要、归属与爱的需要、尊重的需要和自我实现的需要。依据马斯洛的层次需求理论,除了明确的生理需求外,老年人的心理需求概括为以下几个方面。

(1)安全的需要。对于老年人来说,其安全感最主要的是来自子女、

---

[1] Dave, D R., Rashad, I I., & Spasojevic, J. The Effects of Retirement on Physical and Mental Health Outcomes[J]. Southern Economic Journal, 2008 (2): 497-523.

社会的关心和照顾,以及家庭是否和睦,社会是否稳定。老年人的安全需求集中在医、住和行三个方面。老年人最害怕生病,因为一生病,除了肉体上的痛苦之外,还怕没钱医治或者得不到及时治疗,或生病没人照看,因此老年人需要医疗保障。老年人的居住条件要求空间稍微宽敞一点,以利于活动;还要干燥、通风、透光,以防生病;内部装修要利于老年人行动和使用,如卫生间要有坐便器和扶手,走廊要有扶手,以防老年人摔倒。从行方面来看,老年人出行需要有人陪伴,以防途中摔倒或突发疾病;某些公共场所也需要设老年专座或老年通道,以防老年人出现安全事故。另外,老年人的身体是否健康,财产是否会保值增值,退休金的发放是否准时、稳定等,都是关乎老年人内心是否安全的关键因素。随着社会的发展和人们生活水平的提高,老年人的基本生活已得到保障,但并非所有的老年人的生活都达到了高水平。福利院老年人最关注的是其生活保障的来源。在农村,有固定经济收入的老年人要比依靠子女供给生活费的老年人具有更高的生活满意度。

（2）归属与爱的需要。从归属与爱的需求来看,老年人首先需求的是能享受家庭的温暖,能与子女共享天伦之乐。受传统文化的影响,中国社会强调家庭取向,重视家庭内各成员之间的互依关系。老年人退休后回归家庭,家庭的关爱能有效地缓解老人的孤寂感。通过有关退休老年人人际关系的研究结果发现,退休职工感到最愉快的事是子女看望,最需要的是家庭的温暖。退休职工渴望得到社会的关爱和认可,尤其是渴望亲情,对家庭和子女的依赖要远远高于对社会、朋友的依赖。另外,老年人还有宗教信仰的需求,可以从宗教信仰中得到一种归属感和寄托感。对于一些丧偶老人,他们还有对爱情的需求,他们希望能有一个伴侣与自己相濡以沫,共度余生。

（3）适应的需要。对于退休老年人个体来说,首先要面对的就是身体的变化,再者还有人际关系和生活环境的变化。由于退休老年人适应能力开始下降,而又不得不面对这些变化,因此适应的需要就显得至关重要。退休老年人要想有个健康的身体和良好的心态,就不得不积极地调整自己,以适应变化了的和正在变化的环境。

（4）独立的需要。老年人退休后伴随着职业角色的丧失,其社会权利和社会地位也有所降低。同时,随着子女长大,成家立业,对父母的依赖减少,老年人在家庭中的权威地位也逐渐降低,这使得退休老年人渴望被理解、被关怀,有很高的尊重需要。而这种自尊的需要往往延伸为老年人对自身形体、服饰的关注,对自己知识和修养的提高等方面。一般人都认为人到老年依赖感会增强,而事实是很多的当代老人并不愿意依靠子女,相反,他们更愿意独立生活。一项关于老人是否愿意与子女同住调查结果显示,只要经济独立,大多数老人不愿意与子女同住。

(5)自我实现的需要。离开工作岗位后,退休老年人再也无法感受到事业上的成就感。受中国传统文化的影响,家族的绵延是老年人心中永恒的情结。这就使得很多老年人在退休后自愿承担了照顾孙子、孙女以及替子女做饭等家务劳动。他们尽量靠自己的力量满足自己的生存需求,减轻子女的负担,以展现自己的价值。当然,还有很多老年人退休后认为身体不错,还想找份工作,以证明自己是有用之人。也有的老年人趁退休有时间,想实现自己未完成的心愿,以完善自我。也就是说,退休老年人还有实现自我人生价值的需要,想在退休后积极地去创造自己的第二职业,充分调动自己的潜能,发挥自己的特长和优势,充分享受退休后仍继续工作的快乐。有些老人之所以感到空虚和寂寞也正是其自身价值不能实现的体现,更加说明老年人有着较强的实现自身价值的需要。由此可见,当今社会,退休老人不单纯满足于物质生活,除了生理需求和生存需求的满足外,他们还有互爱的需要、自尊的需要和自我实现的需要。对这些老年人而言,社会支持系统更应重视他们的社会化和体现自我价值的需求。

总之,老年人的需求是多种多样的,并且这些需求随着社会的不断进步和人们生活水平的不断提高而变得越来越具体,越来越多。怎样满足老年人的这些需求,将是老龄产业发展的一个强大驱动力。

三、退休老年人的心理变化及应付方式

(一)退休老年人的心理变化

退休老年人的心理变化一般分为准备期、退休期、适应期和稳定期四个阶段。在前两个阶段,退休老年人刚离开工作岗位,生活内容和节奏发生了很大变化,心理矛盾反应比较明显,容易产生不安、抑郁、茫然和焦虑等心理失衡反应。在后两个阶段,经过适应调整,逐渐适应了新的生活规律,退休人员的心理活动趋于稳定。从准备期过渡到稳定期一般需要1~3年,经过3年或更长时间的心理调整适应,退休老人的心理健康水平逐渐提高并趋于稳定。在这四个阶段中,适应期是最重要的时期,其长短能比较客观地反映退休人员对退休事件的心理适应能力。

（二）退休老年人心理变化的应付方式

应付方式是指个体通过认知或行为上的努力，来对付应激事件所引起的后果，它决定着人们应对内外环境的要求而采取的态度、方法和策略。应付方式分为积极应对和消极应对两种。积极应对包括面对、淡化、探索；消极应对包括幻想、逃避。

退休老年群体具有能动性、差异性和特异性。面对退休带来的变化，受文化程度、年龄、性别等因素的影响，老年人的应付方式也体现出了差异性。文化程度高的退休人员更多采取面对和探索，而中、低文化程度退休人员更多采取幻想和避退。[1] 随着年龄增长，中老年人"淡化"应对增多，而"幻想"和"探索"应对减少，这可能与年龄越大生理机能越下降，以至争强好胜之心减弱有关。

第三节　老年人退休综合征及心理护理

随着我国人口老龄化进程的加剧，退休老人越来越多，并出现了一系列的心理和社会适应问题。老年人退休后，社会角色发生了重大变化。这种改变不仅意味着失去某种权力，更为重要的是丧失了原来所担当的那个角色的情感和几十年形成的行为方式。社会角色的变化，新旧角色之间会发生矛盾，如果处理不好，就很可能引起退休综合征。因此，老年人退休之后，要想进入一个全新的角色，就必须要重新寻找新角色的价值、意义，建立新的感情。对退休老人的社会适应心理状况的了解和掌握，可以提高退休老人的生活幸福水平，直接影响他们的晚年生活质量。

一、退休综合征

所谓退休综合征是指老年人由于退休后不能适应新的社会角色、生活环境和生活方式的变化而出现的焦虑、抑郁、悲哀、恐惧等消极情绪，或因此产生偏离常态的行为的一种适应性的心理障碍。这种心理障碍往往还会引发其他生理疾病，影响身体健康。退休综合征会引发一些身体变化，如常感到全身软乏无力、衰弱感、失眠、早醒。心理变化方面，如压抑

---

[1] 张向葵，郭娟，李建伟. 退休人员的应付方式对其心理健康的调节作用研究[J]. 心理科学，2002，25（4）：414-418.

感、失落感、空虚感和对死亡的恐惧感。情绪变化,如忧郁、焦虑、喜怒无常,终日愁眉苦脸、怨天尤人、悲观厌世。概括来讲,退休综合征主要有四大症状:无力感、无用感、无助感、无望感。

(1)无力感。随着年龄的增长和生理功能的下降,老年人会逐渐意识到自己的衰老,并对衰老感到难以抗拒,无能为力。退休年龄的制定,并不是单纯考虑老年人的身体状况和工作能力,同时还要考虑社会发展和年轻人就业问题。随着生活水平、医疗水平的提高,老年人的身心衰老速度在逐年减慢。有些老年人虽然到了退休年龄,但还有工作能力,而且比年轻人经验丰富,但是到了退休年龄就必须得离开,把位置让给年轻一代。当退休人员面对这一事实时,就会对现实感到无奈。

(2)无用感。在退休之前,有的人处于领导地位,担任管理工作,有的人正处于事业的顶峰。他们拥有权力,受人尊重,习惯了别人的服从和赞扬。退休之后,所有的这些权力、地位、人际关系等都化为乌有,从工作中获得的成就感和自信心也随之消失,他们会觉得自己已成为无用之人,产生了失落感、无用感。老年人在退休后期待别人接纳自己、喜欢自己,而厌恶被别人支配。[1]

(3)无助感。老年人退休后,离开了原先的社交圈,社会活动减少,社交范围变窄,大多数时间待在家里,就容易产生孤独无助的感觉。毕竟他们已经习惯了几十年的生活模式,退休之后完全改变,而要建立新的生活模式,结交新的朋友,但又缺少他人的认可和帮助。这些都会让老年人感到面对现实时的无助。

(4)无望感。无力感、无用感和无助感,都容易导致退休后的老年人产生无望感。如果老年人再遭遇衰老、疾病、丧偶等,会加剧老年人的无望感。

需要指出的是,并非每一个退休的老年人都会出现退休综合征。一些调查表明,退休老年人中出现不适应反应的占10%~40%。有人总结老年人在退休生活中的人格类型,大致分为5种:成熟型、安乐型或逍遥型、防御型、易怒型、自我憎恨型。老年人是否能适应老年生活,顺利地度过晚年,与其人格类型有关。一般说来,成熟型和安乐型的老年人能正确选择和对待退休生活,用各种方式来充实自己。防御型和易怒型的老年人由于不服老,往往容易超越现实的身体能量,倾向于做些力所不能及的事情。而自我憎恨型老年人对各种外部信息刺激都表现得淡漠而无情趣,最终导致自身封闭,难以与外界进行有效的沟通和交流。

---

[1] 李蓉蓉. 退休职工在人际关系取向上的心理需求[J]. 中国心理卫生杂志,2003,17(6):403-404.

二、退休综合征的心理护理

退休综合征是一种社会适应不良的心理病症,而非精神病。心理疾病主要是个体在压力情境下应对失败导致的。我们可以采用支持性和解释性的心理治疗方法,结合适当的对症性药物进行治疗。家人要为退休老年人营造和谐融洽的家庭氛围,互敬互爱,消除老年人的孤独感和无望感。老年人自身也要调整心态,认识到退休既是国家赋予老年人安享晚年的一项社会保障制度,也是老年人为社会发展应尽的义务;要发挥余热,积极进行社会参与;要从现实生活中获得充实感和满足感,避免总沉浸在过去的回忆中,产生"回归心理"。对有退休综合征的老人心理护理,具体可从以下几点入手。

(一)退休前应做好充分的准备

常言道,有备无患。无论做什么事情,只要事前做好充分的、全面的准备,其进展就会顺利得多。退休也是如此。从目前退休人员所暴露出的大量问题来看,都与退休前没有全面做好退休准备有直接关系。所以,即将退休人员为顺利实现退休"软着陆",就必须在退休前进行全面的准备。

(1)工作准备。退休首先从自己的工作开始。自己在岗位上工作了很长时间,非常熟悉业务。因此,在退休前就要对工作移交做好充分准备。第一,总结经验和教训。在岗位上干了一辈子,不论工作成就大小,每个人都会有一定的经验和教训,在退休前认真地进行全面总结,把成功的经验献给接班人,把自己失误的教训告诫接班人,从两个方面为接班人提供了最宝贵的知识,让后来人去创造新的辉煌。第二,整理文献资料。对有些工作岗位,接触的文献资料非常多,个人收集的资料也很多。这样,在退休前就应把所有经个人手的文献、资料进行全面清理,删除无用的资料,将有价值的资料做好分类归档,编写好目录。同时,最好将个人收集的文献资料也整理出来,让它发挥应有的作用。

(2)经济准备。在退休前几年,最好是在3~5年前,就应该开始为离退休后的经济方面做好充足准备。第一,预算退休生活费用。这笔费用包括基本生活费、医疗费、娱乐费、其他费用及备用金。按照家庭人口及生活标准先预算出每月基本生活费用,再按照自己与老伴身体状况预算出一年的医疗费用,然后根据自己与老伴的爱好预算出全年娱乐费用,最后根据家庭的实际情况预算出一年的其他花费和应有的备用金。这样一累计,就计算出全年总的费用。有了支出,再与收入比较,如果收入总和小于支出时,就要投入家庭积蓄。如果这样做仍不够支出,则应砍掉娱乐费用、其他费用和备用金。总之,想方设法确保退休生活有经济保障。第二,学习新的技能。有些退休人员经济收入较少,退休后生活会更加困难,因此,应及早有所准备,如果自己的专业、技术、才智符合用人潮流,当然可以在退休后应聘于其他企业,增加家庭收入。但是,有些退休人员的专业技术非常稀少,难以找到工作。对此,退休人员就要早点学一些社会热门专业、技术,争取退休后能尽快应聘上岗。

(3)思想准备。据调查,"有50%以上的老年人,退休时无思想准备,缺乏退回家庭后处理个人生活的能力,大部分空闲时间不知如何安排"。① 另外,退休心理误区,也往往是由于对退休缺乏思想准备而产生的,因此,退休人员在退休前应有充分的思想准备,以积极乐观的心态对待退休。具体地说,就是要在退休之前逐渐淡化职业意识,减少职业活动,转移个人的生活重心,增添新的生活内容,初步确定与自己的经济文化背景、生活阅历、性格特点和身体条件等相适应的退休生活模式,为退休生活早做准备,周密安排。另外,有关组织和亲朋好友也可以开展一些咨询指导工作,为即将退休人员出谋划策,帮助他们做好角色改变的准备,以便更好地适应退休生活。

(二)退休后要保持充实的生活

保持充实的退休生活,既能够缩小个人退休前后的心理反差,也有利于从中寻求和建立新的"个人支撑点",恢复或维持心理上的平衡。从目前实际情况看,比较简便的途径就是发挥原有专长,或者培养新的兴趣爱好。

(1)发挥原有专长,继续贡献余热,避免个人价值感失落。有学者建议,退休返聘是促进老年人"老有所养"的一种重要途径,进而有助于老年人晚年生活质量和幸福感的提升。② 如果离退休之前是专业技术人员或技术工人,可以受聘回到原单位或去新的工作单位从事力所能及的专业技术工作。如果退休之前是党政机关的行政干部,则可以从事个人感兴趣的社会劳动或公益服务活动。如果退休之前是普通的工作人员,又没有什么特别专长,则可以从事力所能及的家务劳动,如承担家庭炊事、

---

① 李硕.美好生活 夕阳红:老年朋友心理健康与保健[M].北京:中医古籍出版社,2012:83.
② 马永刚,赵琛徽.退休返聘对老年人幸福感影响的机理与路径[J].中国人事科学,2019(4):67-77.

采购、清洗家电、抚育幼孙等。

（2）培养新的、健康的兴趣爱好。有些人在退休之前，由于把全部精力都投入到工作中，没有什么个人的兴趣爱好，这不利于老年人退休后的心理保健。因为健康的兴趣爱好能使退休老人生活充实，精神愉快；能增长知识，促进思维能力，陶冶情操；能改善人际关系，增加社会交往。退休老人的健康的兴趣爱好种类是很多的，如养花、集邮、垂钓、旅游、书画、摄影、看电影电视、欣赏音乐戏剧、读报纸杂志等。退休老人可以根据自己的实际情况各显其能，培养一种或几种兴趣爱好。研究结果表明，通过参与老年大学的学习，老年大学学员控制感水平显著高于非老年大学学员，是提高心理健康水平的重要因素。[1]

（三）重新认识和调整家庭成员关系，主动营造社会支持系统

即将步入老年期的退休者，已经渡过更年期的困扰，在人生转折的重要时刻，重新审视一下夫妻关系，并对生活进行必要的调整。如果每一对刚刚退休的夫妻，能以不同的方式恢复年轻时的依恋，或漫步于花丛，就一定会有助于退休初期的情绪稳定以及退休后的生活适应。研究结果表明，社交活动的增加是导致退休对中老年人幸福感产生显著影响的重要原因。[2] 因此，退休老人要主动调整自己与其他家庭成员的关系，如主动调整自己与子女或儿媳、女婿间的关系，在老有所为、老有所乐的同时多关心下一代，多关心亲戚朋友，建立良好的亲情友情环境，营造良好的社会支持系统。这样既能向亲友表达长者的慈爱与关怀，又能在自己遭遇困难和心理挫折时赢得更多的帮助和支持。

（四）注重当下，学会遗忘

老年人要学会忘记，忘掉那些不愉快的事。做好当前的事，从现在的生活中寻找快乐，来弥补旧日的创伤。对于力所不能及的事，老年人不要纠缠在心，非强求自己干好不可；对生活中意想不到的困难也不必着急。人生有顺境也有逆境，有成功也有失败。克服了困难，取得了成就，自然可体会到战胜困难的幸福，但在战胜不了困难时，还是尽早忘却为好，不要老挂在心头，也不要勉强自己去办。

---

[1] 程梦，韩布新. 老年大学学员控制感与心理健康的关系[J]. 中国老年学杂志，2019，39（1）：473-478.

[2] 王亚迪. 退休影响中老年幸福感吗[J]. 经济与管理评论，2019（6）：26-36.

(五)学会幽默

现代医学心理学将幽默称为人的"心理免疫力"。研究结果表明,幽默有助于个体得到良好的压力缓解及由亲密关系所带来的健康效应。[①] 幽默,可使紧张的心情放松,释放心头的压抑,摆脱窘困的场合,缓和气氛,减轻焦虑和忧愁,或避免削弱不良情绪的干扰。幽默可以帮助老年人打开心结、驱散心头阴云。当老年人因生活琐事而出现焦虑、忧郁、悲伤、生气等不良情绪反应时,完全可以尝试着用几句恰到好处的风趣话语,使用亲和型幽默[②]缓和自己或帮助其他老年人缓和不良情绪的反应,甚至可以改变消极对待人生的看法,最终摆脱恶劣的心境。

(六)善待自己,善待他人

在几十年的工作中,为了前途、为了家庭、为了子女,老年人往往放弃了自己的利益,到了晚年,不再有那些利害冲突,多了自由选择的权利,老年人应该学会善待自己。第一,老年人要"拿得起"。人到老年,有了更多的自由,可以学习自己年轻时没有机会学习的东西,做一些自己想做而没有机会做的事,重新寻找个人意义感。[③] 可以根据现实需要与自己的实际情况,适度参加一些为社会、为他人服务的工作。第二,老年人还要学会"放得下"。人到老年,体能下降,身体各部件也已磨损老化,精力、体力都不像年轻时那样旺盛,所以老年人做事就不能以筋骨为强,更不能急功近利。老年人一定要注意凡事量力而行,适可而止。第三,给自己创造一个美好的空间。物理的空间会给人以暗示,给人带来潜移默化的影响。整齐而富有生机与活力的环境会使人心情更开朗、更积极。所以,老年人居室的布置,要尽量舒适、清洁、安静。无论是墙壁颜色,还是柜橱摆设、窗帘搭配等,都应使人感觉宁静、轻松、自在。总之,老年人要有一个可以静心休憩、自在生活的处所。

此外,老年人还应该学会善待他人。很多时候,让老年人发愁的是人与人之间的关系。要使人际关系不成为影响老年人生活的消极因素,最重要的,也是最有效的,也许就是善待他人。

---

① 郝霞,岳晓东,七十三,等.中国大学生幽默感之调查与思考[J].内蒙古师范大学学报(哲学社会科学版),2007,36(6):33-36.
② 吴莉娟,王佳宁,齐晓栋.幽默风格与心理健康关系的 meta 分析[J].中国健康心理学杂志,2015,29(1):74-79.
③ 苗淼,朱菌,甘怡群.临退休个体生命意义感对于心理健康的影响:有中介的调节模型[J].中国临床心理学杂志,2018,26(2):341-346.

善待他人,就是要学会宽容。宽容不是让老年人把情绪抑制住,而是不计较和不追究的宽容,是心胸豁达、开朗的宽容。多宽容别人,就少一些争执、冲突的机会,也就是让自己有更加自如适意的心态。善待他人,就是要以礼待人。不传闲话,就不会积怨于人,也不会给自己招来不必要的麻烦。

第四节 老人晚年生活规划与临终护理

人人都希望自己有一个高质量的晚年生活,为了能够快乐无忧地安度晚年的幸福时光,就需要我们提早开始进行养老规划。晚年生活规划是一个长期规划,应尽早开始。日本的职工一般是45岁时开始做晚年生涯规划;美国人是50岁时做晚年生涯规划。我国的职工按退休年龄提前5年做晚年生涯规划即可。随着时间的推移,老年人也要面临死亡。临终是人生旅途的最后一站,留给人们更多的是痛苦。只有积极地开展老年人临终护理,在老年人临终阶段尽最大努力、最大限度地减轻其痛苦,缓和其面对死亡的恐惧与不安,维护其尊严,提高生命质量,才能使老人在亲切、温馨的环境中离开世界,坦然面对死亡,达到"优死"的目的。

一、老年人晚年生活规划

健康长寿、颐养天年是所有人的梦想,现代发达的医药科学技术和丰富的物质文明带给现代人普遍的健康与长寿。安逸舒适的晚年生活已成为生命中辛苦几十年之后的第二次"金色年华"。因此,人一到了50多岁就需要对自己未来的退休生活进行一番规划,是早退休好还是晚退休好,退休后社交和生活如何安排,如何从忙碌的工作狂成为一个适应退休生活的人,如何面对退休后的各种不适应,如何调整自己的社交和生活节奏,都是退休后必须面对的问题,都需要尽早规划和安排,到了退休后才不至于十分被动。

首先,需要确定什么时候退休好,是早退休好还是晚退休好。从身体健康来看,早退休有好处也有坏处。对于一些从事危险工作和有害工种的职工来说,早退休可以减少自己生命受到危害的概率。另外一些人,本来工作就产生了一定程度的负效用,工作是一种负担,退休是人生的解脱,过着悠闲的退休生活是一件十分舒适的事情,所以,他们宁愿早些退休。但是,是早退休还是晚退休又关系到退休后的退休工资或养老金的多少。要弄清楚这些问题,需要看懂最新的各地政府颁布的《基本养老保险规定》等新政策。及早规划,让自己的晚年更有保障。例如,根据《北京市基本养老保险规定》,个人账户养老金月标准＝全部个人账户存储额／退休年龄所对应的计发月数。由于计发月数是被除数,所以,"计发月数"越少,养老金就越多。而退休年龄与"计发月数"成反比,即退休越晚,"计发月数"越少,所以,晚退休的人比早退休的人所领取的养老金更高。表6-2是退休年龄与"计发月数"的相关数据。

表6-2 退休年龄与"计发月数"的相关数据

退休年龄(岁)	41	42	43	44	45	46	47	48	49
计发月数(月)	230	226	223	220	216	212	208	204	199
退休年龄(岁)	50	51	52	53	54	55	56	57	58	
计发月数(月)	195	190	185	180	175	170	164	158	152	
退休年龄(岁)	59	60	61	62	63	64	65	66	—	
计发月数(月)	145	139	132	125	117	109	101	93	—	

政策还规定,缴纳保险金满了多少年,就发给基础养老金基数的百分之多少,也就是说,缴费满20年的职工可以拿到20%,满30年的职工可以拿到30%。新政策还特别规定,今后企业应当按照不低于40%的社会平均工资的缴费基数给职工缴纳保险费,并逐年增加5%,至2010年调整到60%。为了确保新老政策的合理衔接和平稳过渡,从2006年至2010年是5年的过渡期,在过渡期内,按新办法计算的养老金低于老办法的不足部分,可以按老办法补足其差额部分,如果按新办法计算的养老金高于按老办法计算的数额,按新办法执行。从2011年开始,全部按照新办法执行。所以,从新的养老金领取办法来看,提前退休是不划算的。缴纳养老保险金的经费年数也是领取养老金多少的重要因素,缴纳保险金年数越多领取的养老金也越多。所以,对于一些中年人来说,应该早点对自己未来的养老金进行规划。

除了需要解决自己退休后的经济问题,退休后的日常生活也是即将退休的人需要仔细考虑的问题。退休生活所追求的目标,一般以当前的生活水平来估算,以不降低当前生活水平为目标,同时,可以合理增加老年阶段的开销,减少青壮年期的花费。一般情况下,可以将退休目标分解成两个因素:退休时间和退休后的生活质量要求。表6-3为退休生活剧本的格式模板,仅供参考。

第六章 退休老年人的心理转变特点及自我调适

表 6-3 退休生活剧本 [①]

生活目标	一般人的选择范围	我的选择
家庭生活	是否与子女同住并照看他们的小孩	
	鳏寡者是否再婚,和新的伴侣共度余生	
家庭生活	与配偶共同或各自活动	
社交生活	是否希望参加退休人士的社团	
	是否愿意积极参与亲朋好友之间的聚会	
居住环境	是否办理移民到国外安享晚年	
	是否愿意在退休后搬离城市回归自然	
	是否愿意住养老院或换购小一些且适合老人居住的住宅	
运动保健	愿意从事什么样的健身休闲活动	
	是否控制饮食、维持体重	
	是否每年做定期的全面检查	
兴趣爱好	是否从事原来一直热衷却因缺乏时间而搁置的兴趣爱好	
	是否愿意挖掘新的兴趣爱好	
	仅限于原来的兴趣爱好	
旅游活动	计划每年到国外旅游的次数	
	旅游的目的与地区	
	要求的旅游品质	
进修与阅览	是否想上老年大学或进修一些感兴趣的科目	
	是否愿意定期上图书馆阅读	
	是否有著书立说的计划	
义工服务	是否愿意从事义工服务	
	愿意选择哪一类的义工服务机构	
	可奉献的时间和精力有多少	

与在职不同的是,大多人在退休之后就会减少部分收入来源,因为退休金通常会少于正常的职业工资。为了使退休生活更有保障,人们应该提前制订退休计划,预先进行基于退休目的的财务规划,使退休对生活的影响程度降到最低。退休后选择不同的生活状态对应着不同的资金需求。确定了退休目标之后,就应当进一步预测退休后的资金需求。估算退休

[①] 侯志铭.个人理财[M].北京:对外经济贸易大学出版社,2016:228.

后养老所需要的费用时,需要了解每年需要支付养老费用的额度及预期存活年龄,而这两项因素又是非常难以预测的。实际上,很难准确地预计退休后的资金需求,它受到生存寿命、通货膨胀率、存款利率变动、个人和家庭成员的健康状况、医疗和养老制度改革等各种因素的影响。

每个人的退休生活最终都要以一定的收入来源为基础。个人退休收入主要包括社会基本保险、企业年金、商业保险、投资收益、退休时累积的生息资产、子女赡养费、兼职工作收入等,此外,还有固定资产变现、受赠、离婚剩余财产请求权等其他收入来源。与人生其他阶段的理财规划相比,稳定的现金流是维持退休生活品质的重要手段。

需要注意的是,在预测退休后收入的时候,不仅需要将退休收入在不同时点的额度预测出来,而且需要将退休后的总收入折现至退休的时刻,也就是考虑到货币时间价值的折现值。在计算退休后折现值的时候需要使用恰当的折现率,这个折现率应该使用退休基金的投资收益率。

另外,晚年生活应该做到"十不":第一,不可过度沉溺于过去而回避现实。第二,不可毫无精神欲求而无所事事。第三,不可勉强赌气而做年轻时所做的事情。第四,不可无伴无友而孤独地生活。第五,不可太严肃认真而有时苛求自己、苛求子女。第六,不可做激烈的运动而伤身体。第七,不可自卑畏死而自暴自弃。第八,不可无老年生活的规划而混日子。第九,不可守财致富而省吃俭用。第十,不可因病而失掉尊严。

二、老年人临终护理

临终护理,又称安宁护理、姑息护理,是指向临终患者及其家属提供包括生理、心理、社会等方面的全面的照料,使临终患者的生命得到尊重,症状得到控制,家属身心健康得到维护和增强;使患者在临终时能够无痛苦、安宁、舒适地走完人生的最后旅程。它是临终关怀的重要组成部分,核心是关怀和照顾。

(一)临终老年人的心理变化

1. 老年人对待死亡的心理类型

老年人对待死亡的态度主要受个人生长过程、人格特点、宗教信仰、文化背景、社会地位、心理成熟程度、健康状况、经济情况和身边重要人物的态度等多因素的影响。不同的老年人对待死亡的态度不相同,心理反应也不同。老年人对待死亡的心理类型主要有以下几种。

(1)理智对待型。该类型的老年人意识到死亡将要来临时,能从容地面对,并在临终前开始着手安排自己的家庭事务及后事,能比较镇定自如地面对死亡,也因而能尽量避免自己的死亡给亲友带来太多的痛苦。

(2)积极应对型。这类老年人有强烈的生存欲望,也能意识到心理因素对死亡的作用,能保持顽强的意志与病魔做斗争。一般来说,这类老年人还不属于高龄老年人,有很强的意志,能忍受病魔及诊治带来的痛苦,寻找各种治疗方法,并积极配合医生进行治疗,以赢得生机。

(3)勉强接受型。这类老年人并不是愉快地接受死亡,而是无可奈何地接受事实。

(4)充满恐惧型。这类老年人十分留恋生活,非常害怕死亡。

(5)以此解脱型。这类老年人大多有严重的生理、心理问题,有的经济上衣食不保,有的儿女不孝,有的丧偶,有的自己身患绝症或病魔缠身极度痛苦。因此,对生活失去兴趣,深感死亡是一种解脱。

(6)无所谓型。这类老年人不理会死亡,对死亡抱有无所谓的态度,能坦然面对,认为生死由命,既不回避也不积极着手准备,一切听天由命。

2. 临终老年人的心理特征

临终患者由于受身体疾病的折磨,对生的渴求和对死的恐惧会产生一系列复杂的心理变化。美国精神病学家伊丽莎白·库勒·罗斯提出临终患者的心理反应可分为五期,即否认期、愤怒期、协议期、忧郁期、接受期。这五个心理反应期因人而异,有的可以重合,有的可以提前,有的可以推后,有的可以始终停留在否认期。在不同的时期,针对具体情绪可采取相对应的心理辅导措施。

(1)否认期

鼓励家人多陪伴他们,以帮助老人减轻恐惧感。观察老年人的面部表情和肢体语言,提醒家人理解他们的各种情绪表达。在否认期,提示家属应注意医护人员对老人情况的言语一致性,与老人坦诚沟通,既不要揭穿老人的自我欺骗,也不要对老人撒谎。根据老人对自己病情的认识程度,给予理解和支持,使之消除被遗弃感,时刻感受到家人的关怀,看到生存的希望。协助家属耐心倾听病人的诉说,并因势利导,使病人逐步面对现实。

(2)愤怒期

病人处于愤怒期时,采取方法平静老人的负面情绪。首先,要做到静心倾听,倾听病人的心理感受,允许病人以发怒、抱怨、不合作行为来宣泄内心的不快,但应注意预防意外事件的发生。必要时在医生指导下配以辅助药物,帮助平息愤怒情绪。其次,要多陪伴病人,保护病人的自尊,尽量满足病人的心理需求。

（3）协议期

子女和护理人员要通过各种努力,得到老人的充分信任。一方面,顺应和配合他们想要改变现状所做的努力;另一方面,在老人面前展露自信、热情,使老人内心感到安全、踏实。

（4）忧郁期

在这一时期,鼓励老人尝试参加各种关怀小组,在团队治疗的帮助下,相互慰藉、相互鼓励。允许老人用不同的方式宣泄情感,如忧伤、哭泣等,但要注意安全,及时观察老人的不良心理反应,预防老人的自杀倾向。

（5）接受期

精神上的关爱和照顾是这一时期的主要内容。多和老人聊一些积极、乐观的精神,让他们知道,家人会带着老人的遗愿积极活下去,从而减轻老人们的心理负担,使其无后顾之忧。

临终老年人除有以上各种心理体验外,还具有自己的两种心理特征。第一,心理老化加重心理障碍。老年人由于老化、疾病、自理能力下降等原因,易出现性情暴躁、爱发脾气、孤僻抑郁、依赖性增强、自我调节和控制能力差等问题。甚至有的老人固执己见,不能很好地配合治疗护理。当进入临终期时,身心日益衰竭,精神和肉体上忍受着双重折磨,感到求生不得,求死不能,这时心理特点以忧郁、绝望为主要特征。第二,思虑后事。大多数老人较多思虑个人的死亡问题,还会考虑家庭安排如财产分配等;担心配偶今后的生活,担心子女、儿孙的工作、学业等。

（二）临终老年人的心理护理

临终老年人大多经历了否认、愤怒、协议、忧郁、接受等复杂的心理,精神极度脆弱。对老人心理的支持往往比生理上的治疗更重要。要使临终老年人处于舒适、安宁的状态,必须充分理解老年人和表达对老年人的关爱,给予心理支持。具体措施如下。

（1）采用适当的肢体语言。触摸是人与人之间通过接触、抚摸的动作来表达情感和传递信息的一种行为语言。触摸式护理是大部分临终患者十分愿意接受的一种方法。护士在护理过程中,可以根据不同的情况选择,如护士坐在患者床旁,轻轻抚摸临终老人的手、胳膊、额头及肩膀等部位,轻拍其肩,轻轻替他按摩,整理衣裤,甚至倒茶递水、扶持如厕,这样可以带给他无比的安慰和舒适。点头示意、眼神关爱、略带微笑,也可以令其感到被肯定、被接纳。[①]但也不能让老人养成依赖性,即使其卧病在床、行动不便,也不要让他觉得自己一无是处。应鼓励其尽量持续日常生活,以发挥生命功能,创造生命意义。若老人自己主动要求帮忙,要适时协助,不要过度勉强。

(2)倾听和交谈。对临终老年人,护理人员更要有爱心、耐心。与老人交谈时,护理人员最好坐下来,给他们较多的时间,让他们充分表达和倾诉内心的感受。对虚弱无力或无法进行语言交流的临终老年人,可以通过眼神、表情、手势等肢体语言来表达对老人的理解和爱。[②]关怀临终之人时,要强调其曾做过的好事,使其觉得生命是欢乐的、有意义的,将注意力集中在他的美德与善举上。尽量挖掘他的长处,如实地赞叹,使他能肯定自我。交谈中,不要探问老人的私人生活及家务事。如果服务对象或家属肯主动告诉,得知之后要为其保守秘密。

(3)鼓励家属参与临终护理。亲人是老年人的牵挂,也是老年人的精神支柱。因此,医护人员要积极鼓励家属多陪伴临终老人。同时多鼓励家属参与临终护理,因为老年人更容易接受自己亲人的照顾,这也是临终老年人和家属最需要的。家属参与临终关怀的护理,为亲人做最后一些事,少一些对亲人的遗憾。[③]通过有效地情感交流和心理支持,使老年人获得安慰,减轻孤独和恐惧感,有利于稳定临终老人的情绪。

(4)帮助老年人保持社会联系。鼓励老年人的亲朋好友、单位同事等社会成员多探视老年人,尽可能地多陪老年人聊天、散步等,让老人感受到自己的生存价值,使老人的心理得到安慰,减少孤独和悲哀。

(5)适当宣传"优死"意义。尊重老年人的民族习惯和宗教信仰,满足其精神及自尊的需求。根据老年人具体情况,以科学的精神与方法,打破死亡的社会禁忌,积极探索死亡的学问,[④]适时、谨慎地与老年人及其家属共同讨论生与死的意义,帮助他们正确面对死亡,坦然地面对死亡,做好必要的心理准备。

(6)重视与弥留之际老人的心灵沟通。研究结果表明,接近死亡的人,其精神和智力状态并不都是混乱的,将近一半的老年人直到死亡前其

---

① 李永娜,范惠,李欢欢,陈俊峰,曹文群,时勘.临终关怀的整合模型:精神、心理与生理的关怀[J].苏州大学学报(教育科学版),2017(1):61-73.
② 樊予惠,侯爱敏.临终关怀中个性化心理干预的效果评价[J].心理月刊,2019,14(23):78.
③ 张秋霞.临终关怀中的心理问题[J].中国老年学杂志,2005,25(1):104-106.
④ 徐云,秦伟,霍大同.临终关怀中的心理支持系统的现状与问题[J].医学与哲学(人文社会医学版),2006,27(12):41-42.

心智一直是清醒的,另一些是有一定意识,还有的是波动于清醒与紊乱之间,仅有少数的老年人一直处于混乱状态。因此,不断对临终或昏迷老人讲话是很重要而有意义的,护理人员要对临终老人表达明确、积极、温馨的关怀,直到他们离去。

总之,临终老年人心理变化的各个过程无明显界限,做好临终老年人的心理护理要因人而异,因病而别。同时,还需要医生、护士、家属等多方面的默契配合,才能对临终老年人实施行之有效的心理护理。

(三)临终老年人的舒适护理和对症护理

对于临终老年人来讲,由于疾病和衰老的同时存在,机体的感觉、反应和防御功能均降低,其治愈的希望已变得十分渺茫。此时,临终老年人最需要的是身体舒适和控制症状,能无痛苦地度过人生最后时刻。

1. 舒适护理

舒适护理是陪伴临终老人度过临终期的最佳方式,是使临终老年人在生理、心理上达到最愉快的状态,缩短、降低老人不愉快程度的护理过程。

(1)提供舒适的临终环境

根据家庭的居住条件、经济承受能力、老人临终症状的轻重程度和家属的观念来进行选择。居室应明亮、宽敞、安静、温暖、舒适。注意室内的色调,最好以浅绿色为主,室内摆放鲜花或者绿色植物,使周围充满勃勃生机,让临终老人在舒适典雅的环境中心平气静,减少对死亡的恐惧。居室内应备有彩色电视机、收录机、空调,还应配有卫生间。

(2)做好清洁卫生的维护

护理人员要保持老人的清洁、舒适,维护临终老人的尊严。每天帮助老人做必要的梳理,保持老人仪表整洁,定时为老人洗浴或擦浴;对不能自理的老人,帮助其洗脸、梳头、洗脚、剪指甲等,及时清除老人的呕吐物和排泄物,做好口腔、皮肤护理等;对瘫痪的老人应定时翻身、变换肢体的位置。

(3)给予良好的饮食护理

为老人提供营养丰富、易于消化的食物,注意少量多餐,提高临终老人的食欲;对吞咽困难的临终老年人鼓励经常小口小口地啜饮饮料,或用棉棒蘸水湿润口唇和舌,使老人感到舒适;必要时进行鼻饲或静脉营养。注意饮食卫生。

（4）安排好临终老人的日常生活

睡眠方面，要保证老人有足够的睡眠。保持环境安静、温湿度适宜、被褥柔软舒适，各项医疗处置相对集中则避免在老人熟睡时量体温、测血压及打针服药等。

活动方面，对于尚有活动能力的临终老人，应扶助老人下床做一些床边活动或者到室外散步、打太极拳等；对不能下床活动的老人，护理人员或家属要定时给老人翻身、按摩，帮助老人进行被动性的肢体锻炼。

日常生活方面，应进行合理安排，提高他们的生活情趣。鼓励老人与亲友通过电话、信件保持联系，给老人购置喜爱的衣物或小玩具，与老人一同看电视、欣赏音乐、聊天等。

2. 对症护理

每个老年人的临终情况都不一样，有的是突然发生的意外事件，有的是慢性病逐渐衰竭而死亡。当临终老年患者出现一些濒死症状时，护理人员应给予及时处理，以帮助老人无痛苦地走过人生的最后时刻。其主要症状包括疼痛、呼吸困难、躁动与谵妄、大出血等。

（1）疼痛。疼痛是一种令人不快的感觉和情绪上的主观感受，常伴有实质上的或潜在的组织损伤，是临终患者受折磨最严重的症状，尤其是晚期癌症患者。在生命的最后几天，超过一半的人会有新的疼痛产生。对于临终疼痛患者应给予正确的疼痛评估，收集患者全面详细的疼痛病史，了解疼痛的原因、部位、性质、持续时间、影响因素及药物疗效。

（2）呼吸困难。在生命末期有50%～70%患者发生呼吸困难，患者可出现费力呼吸、气短和窒息感。伴随呼吸困难的持续消耗，是对患者或家属最具威胁的症状。护理人员首先要正确评估呼吸困难的程度及原因，采取有针对性的适当处理措施。

（3）躁动与谵妄。部分临终老人在死亡前出现谵妄等神志变化，须考虑代谢性脑病变、代谢紊乱、感染、营养不良等因素。谵妄病程常呈波动性症状，朝轻暮重，夜间护理临终老人时灯光应柔和，尽量减少人员流动，减少噪声，确保患者充足睡眠，以促进大脑功能恢复。患者躁动不安时须密切观察，注意安全。

（4）大出血。严重患者出现呕血、便血等，一次出血量大于800毫升即出现休克症状。因此，应严密监测生命体征，维持静脉通路通畅，配合医生做好紧急抢救准备。及时补充血容量，正确应用止血药、抗休克药等。

总之，在老年人的临终期，护理人员要密切观察病情，加强巡视。做好预后估测及抢救准备，做到尊重生命、尊重患者的尊严和权利。

值得一提的是，如果面对的是一个已经接近生命尽头，并且正考虑加速其死亡过程的老年人,专业人员应该考虑以下几点:第一,转介至精神科医生,评估精神状态。第二,评估患者做出知情同意的胜任力(如能否理解加速死亡决策的意义和影响)。第三,与伤病同时存在的心理状态、痛苦和折磨、整体生活质量、文化因素、经济状况以及对失去自主能力的恐惧。第四,患者是否有可提供支持的社会系统。第五,与患者一起探讨他们的临终选择问题,尽可能地让患者自己决定。第六,建议患者就做出的决定与家人沟通。第七,就会谈过程和结果进行记录。

(四)对丧偶老年人的关怀

丧偶是老年人最为紧张、影响最大的生活事件。一旦遭遇配偶死亡,对老年人的打击是极其沉重的。如不能妥善调适,会给丧偶老人带来不同程度的精神障碍,加重原有的身体疾病甚至导致死亡。

1. 丧偶老年人的心理变化

心理学家对丧偶后心理活动的一般规律进行了研究,认为丧偶后老年人的心理活动大致经历以下四个阶段:发惊、麻木→思念和痛心疾首→愤怒、戒备心增强→混乱无绪。这四个阶段因人而异,长短不一。在这期间,应对丧偶的老年人进行心理调适,帮助其克服丧偶的悲痛心理,平安地度过这一时期。

2. 对丧偶老年人的关怀

(1)安慰与支持。在刚刚得知老伴去世的消息后,老年人可能会出现情感休克。在安慰与关心的同时,家属应陪伴在老人身旁,不断给予安慰。此外,及时帮助老人料理家务、处理后事,提醒老人的饮食起居,保证充分的休息。

(2)鼓励表达感觉。对不愿说话、表现抑郁的居丧老年人,应引导、鼓励其表达自己的感受。

(3)培养自慰心理。失去了朝夕相处的配偶是令人心碎、悲痛欲绝的事情,但这又无法挽回。因此,要引导老年人坦然面对,理智地提醒老人每个人都要走向死亡,这是无法逃避的自然法则。研究结果表明,丧偶的老人一般2年左右可转入新的养老生活,这与社会易于受老年丧偶的事实和儿女及周围人际支持有关。[1]早走一步的老伴一定希望自己保重身体,把孩子培养教育成人,愉快、坚强地生活下去。

---

[1] 徐兰,马丽新,宁长富,刘金同. 济南市区不同养老方式的丧偶老人心理状态研究[J]. 中国老年学杂志,2003,23(1):34-35.

第六章 退休老年人的心理转变特点及自我调适

（4）避免自责心理。有些老年人在老伴去世后，常常责备自己以前对不起死去的老伴，这种自责的心理没有任何意义。人无完人，更不能未卜先知。如果想弥补自己对生前老伴的歉疚，最好的方法是完成老伴生前未了的心愿，好好照顾老伴的亲人，培养好自己的子女。

（5）避免睹物思人。丧偶老年人常常看到老伴的遗物而不断强化思念之情，这对丧偶老年人的正常生活并无益处。对可能引起不良刺激的环境应尽量回避。[1] 如有条件，可以通过改变或更新丧偶老人原来的生活场所，减弱和抑制产生消极情绪的环境因素。尽量消除诱因，转移老人的注意力，鼓励老人多参与外界交往。

（6）追求积极的生活方式。老伴去世后，老人的角色发生了很大变化，有许多原来是生活的主要构成部分的东西已不存在了，很容易产生空虚感和孤独感。因此，可让老人根据自己的特长和身体状况，适当参加一些社会活动。[2] 这样，既可以发挥余热，为社会公益事业贡献绵薄之力，又可增加老人的自信心，摒弃负性情绪的影响，保持乐观的情绪。同时子女、亲友要更多地关心老人，使老人心理得到慰藉。

（7）建立新的依恋关系。心理学研究结果表明，老年人最怕的就是孤独。丧偶老人不仅要承受自身衰老，还要面对丧失配偶的精神痛苦，从而对其身心健康造成一定的影响。[3] 丧偶后，丧偶老人由于自身能力有限使得一些需求得不到满足，生活质量自然下降，而如果能及时给予其充足的社会支持，使其满足自身需求，生存质量也会随之提高。[4] 丧偶老人需要在家庭生活中寻找一种新的依恋关系，这种依恋关系能补偿丧偶后的心理失落感。在条件具备时，老人应寻求一个伴侣，是建立新的依恋关系的重要途径。研究结果表明，丧偶老年人再婚一年后，焦虑情绪得到明显改善。[5] 在调查中，一位丧偶者再婚后说了这样一番颇为动情的话："少时夫妻老时伴，谁不渴望找到一位嘘寒问暖的知心伴侣，共享天伦之乐呢？"

---

[1] 胡艳红，任雪艳，马亚芹. 浅谈丧偶老人的心理护理[J]. 黑龙江护理杂志，2000，6（3）：24-25.
[2] 王平. 丧偶老人的心理反应及护理对策[J]. 中华护理杂志，1995，30（9）：551-552.
[3] Tiedt, AD, Saito, Y. Depressive Symptoms, Transitions to Widowhood, and Informal Support from Adult Children among Older Women and Men in Japan[J]. Aging, 2015, 8（4）：16-32.
[4] 麻超，张怡萱，张澜，马利. 社会支持在丧偶老人生存质量与心理需求中的中介作用[J]. 中国老年学杂志，2018，38（1）：203-205.
[5] 杨守芳. 丧偶老人再婚前后心理状态分析[J]. Aging, 2015, 8（4）：16-32.

总之,了解丧偶老人的心理状态,进行有效的心理干预,使他们尽快摆脱和缩短丧偶后因过度悲伤而引起的心理失衡,对维护丧偶老人的身心健康十分重要。

第七章　老年人的心理健康评估与老年心理服务体系的构建

随着经济发展、社会进步以及医疗水平的不断提高,人类的寿命出现了普遍延长趋势。如今,我国老年人口占全国总人口的比重逐渐提升,人口老龄化问题日益严峻,同时老年人的心理问题也日益凸显。为了及时了解老年人的心理状况,准确把握老年人的心理需求,提高老年人的心理健康状况,必须对老年人进行有效的心理评估,并以此为依据为老年人提供尽可能全面的心理服务。

第一节　老年人心理健康评估准备

人在进入老年期后,各种生理功能都会呈现出衰退趋势,再加上社会角色的改变、丧偶等生活事件的发生等,很容易使老年人出现一些特殊的心理变化,影响其身心健康发展。因此,很有必要开展老年人心理健康评估工作,以便及时把握老年人的心理活动特点,采取有的放矢的措施维护和促进老年人的心理健康。而在对老年人进行心理健康评估时,要想获得尽可能客观、全面、真实的评估结果,必须要做好评估前的准备工作。具体来说,老年人心理健康评估的准备工作应涉及以下几个方面。

一、提前通知老年人进行心理健康评估

在进行老年人心理健康评估前,必须要与老年人及其家庭成员取得联系,并要与他们进行良好的沟通,以获得他们的积极配合。

此外,评估者必须提前告知被评估老年人进行评估的时间、地点以及会涉及的内容,以便老年人有一定准备,及时调整自己的情绪和状态;评估者必须在约定好的时间内开展评估工作,切勿突然袭击,以防被评估老年人因智力、体力和情绪等处于混乱状态而无法接受或是配合评估工作。

二、与老年人建立和谐的关系

在开展老年心理健康评估时,评估者只有与作为评估对象的老年人建立和谐的关系,才能确保评估工作的顺利进行,并确保评估工作取得成效。具体来说,评估者可通过以下几个途径来与老年人建立和谐的关系。

第一,要提前向老年人说明进行心理健康评估的目的,并要注意强调心理健康评估对老年人的有利一面以及心理评估结果的主要用途,以便他们能更为积极、更加认真地参与到评估工作之中。

第二,评估者在与老年人接触的过程中,要尽一切可能维护老年人的权利和尊严。

第三,评估者要对老年人的材料严格保密,除非有特殊情况,绝不能泄露老年人的相关信息。同时,评估者要告知老年人会对其资料保密以及保密的措施等,以便老年人能放下戒备心,真正参与到心理健康评估之中。

三、准备齐全评估材料

在进行老年人心理健康评估前,评估者必须要准备齐全评估材料。比如,评估若采用问卷的形式,则要事先检查问卷是否完整,老年人答题时要使用的老花镜、答题纸、铅笔和其他材料都要在评估工作前清点、检查和摆放好,以免忙中出乱。

四、事先选择合适的心理测量工具

在进行老年人心理健康评估时,要想得到科学、客观的评估结果,心理测量工具的选择是非常重要的。通常而言,在选择合适的心理测量工具时,应充分考虑以下几个要求。

第一,信度,即相同被试在不同时间或不同场合下,重复用同一测量工具或等价工具测量某种心理特质所得结果的一致性程度。信度反映了测量结果中由于随机误差因素所带来的方差变异大小。信度越高,随机误差方差越小,测量结果越稳定,通常用相关系数来表示信度的高低。

第二,效度,即测量工具测出它所希望测量的心理特征或行为特征的效果和程度。效度越高,表明测量结果越能代表所要测量的行为的真正

第七章 老年人的心理健康评估与老年心理服务体系的构建

特征。如果说信度反映的是测量结果的稳定性问题,那么效度反映的就是测量结果的准确性问题。

第三,常模,即判断个别差异的依据和比较的标准。用于比较的参考团体叫常模团体。常模团体测验的平均分数叫常模。当把被试的原始分数转化为导出分数,与和他具有类似特质的团体相比较时,便可知道他在该团体内的相对位置。

五、创设良好的评估环境

在开展老年人心理健康评估前,必须选择合适的评估环境。通常来说,开展评估时的环境要尽可能安静、舒适,室温保持在 22℃~24℃;光线要充分,以便老年人能清楚地看到评估者以及评估材料,但要尽可能避免光线直接照射。同时,要尽可能减少评估环境中可能导致老年人注意力分散的因素,如关掉电视机、减少开关门以及走动的次数等。

一般情况下,老年人的家里便是最为理想的评估场所。在老年人的家里开展心理健康评估,会使他们减少在陌生环境中出现的注意力分散和焦虑等状况。如果不能在老年人家里开展心理健康评估,则要尽可能选择他们熟悉的环境。

六、明确评估者应具备的条件及其基本职责

(一)评估者应具备的条件

一个好的老年人心理健康评估者,必须具备两方面的主要条件:一是专业知识与能力;二是心理素质。

1. 专业知识与能力

老年人心理健康的评估者要想确保评估工作的顺利开展以及评估工作的有效性等,必须要有丰富的专业知识,包括心理健康知识、心理健康评估知识、心理学知识等。此外,老年人心理健康的评估者也必须具备较高的评估能力,掌握评估的技术,精通多种测验手段,并要具备对评估结果进行分析与应用的能力。

2. 心理素质

良好的老年人心理健康评估者,必须具备适合本工作的一些心理品质,具体如下。

第一,敏锐的观察能力。在开展老年人心理健康评估时,为了得出更

为准确的结果,往往需要评估者对评估对象的表情、姿势、声调等进行细致观察。

第二,通情。通情指能分享他人的情感,或者说能设身处地,懂得别人的思想感情和性格。不通情的人,无法做到对被评估者的同情。

第三,自信但不盲目。评估者在评估过程中,要想做到恰如其分地评估,首先要高度自信,做到无偏见;其次要注意不轻信盲从,以免影响评估的准确性。

第四,社交技能。评估者只有具备独立的人格、稳定的情绪、丰富的人际交往技能等,才能更好地与评估对象进行交流与沟通,继而确保评估工作的顺利进行。

(二)评估者的基本职责

老年人心理健康评估者的职责,具体来说有以下几个。

第一,评估者要按照指导语的要求开展评估工作。具体来说,评估者的话语应不带任何暗示,当受测老年人询问指导语意义时,应尽量按中性方式进一步澄清。

第二,评估者在评估前不可说太多与评估无关的话,以免引起受测老年人的焦虑、反感甚至是敌意。

第三,评估者在评估过程中,应注意目光稳定,平视受访者,并时刻保持脸部表情的轻松和微笑;以一种自信、轻松的姿势进入对受访者的访问;不应过度自谦,或者夸张地推崇受访者的个人地位。

第四,评估者在评估过程中,不可对受测老年人做出有暗示性的动作或是分散受测老年人注意力的动作。

第五,评估者在评估过程中,如若遇到突发情况,必须保持沉着冷静,及时规范处理,切不可临阵慌乱。

第六,评估者在与老年人交谈时,必须保持合适位置的坐姿,并尽量与老年人保持相同的高度,以免让老年人抬头仰望,有不被尊重的感觉,或低头时间过长而增加疲倦感。

第二节 老年人心理健康评估的基本内容与基本方法

开展老年心理健康评估,可以确定老年人的心理状况,明确开展老年心理健康辅导的基本需求,为制订和实施满足老年人健康需求的心理辅

第七章 老年人的心理健康评估与老年心理服务体系的构建

导计划奠定基础。同时,开展老年心理健康评估,可以指导养老机构工作人员总体把握老年人的心理健康状况,为老年照护、护理沟通等养老服务工作奠定良好基础。在本节中,将对老年心理健康评估的基本内容与基本方法进行详细阐述。

一、老年心理健康评估的基本内容

在开展老年心理健康评估时,通常来说要包括以下几方面的内容。

(一)老年人的生理状况评估

老年人的生理状况会对其心理状况产生重要影响,因此在开展老年心理评估时,老年人的生理状况评估是一项不容忽视的内容。具体来说,在对老年人的生理状况进行评估时,应包括以下两方面的内容。

1. 老年人感知觉的评估

人类随着年龄的增长,其感知觉也会逐渐减退。因此,老年人的生理状况评估过程中需要特别注意感知觉的评估。在对老年人的感知觉进行评估时,应注意从以下几个方面进行评判。

(1)老年人的视觉状况

第一,老年人的视力是否有下降现象,是否存在散光和老视现象。

第二,老年人分辨色彩的能力是否降低。

第三,老年人能否准确地判断物体的大小、空间的关系以及运动的速度。

第四,老年人是否需要佩戴眼镜来矫正视力。

(2)老年人的听觉状况

第一,老年人是否存在听力减退的现象,能否敏感地辨别高、中、低音。

第二,老年人是否存在耳鸣、重听的现象。

第三,老年人是否需要借助助听器来听清别人说话。

(3)老年人的味觉和嗅觉状况

第一,老年人是否能分辨食物的味道。

第二,老年人是否能分辨各种气味。

(4)老年人的皮肤感觉状况

第一,老年人是否存在感觉减退或是过度增强的现象。

第二,老年人是否存在痛觉减退或是过度增强的现象。

第三,老年人是否能敏锐地感受温度变化。

2. 老年人慢性疾病的评估

慢性疾病指的是起病隐匿、病程长且迁延不愈、病因复杂且有些尚未完全被确认的一类疾病的总称。通常来说,老年人患有慢性疾病的话,可能需要长期用药,还可能需要长期照顾。这样的生活状态很可能使老年人的心理出现一些问题。因此,老年人的生理状况评估过程中需要注意对老年人慢性疾病进行评估。老年人常见的慢性疾病有心血管疾病、脑血管病、糖尿病和帕金森病,下面对其评估标准进行详细分析。

(1)心血管疾病的评估标准

第一,是否有冠心病和高血压病的病史。

第二,是否存在心血管疾病,并需要长期且有规律地服用药物进行治疗。

第三,近期是否出现血压不稳、晕厥等症状。

第四,血压测量是否正常。

(2)脑血管病的评估标准

第一,是否有脑血管病的病史。

第二,是否因脑血管病出现了后遗症。

第三,是否存在脑血管病,并需要长期且有规律地服用药物进行治疗。

(3)糖尿病的评估标准

第一,是否有糖尿病的病史。

第二,近期是否存在低血糖或者血糖升高的迹象。

第三,是否存在糖尿病,并需要长期且有规律地服用药物进行治疗。

(4)帕金森病的评估标准

第一,是否有帕金森病的病史。

第二,是否存在帕金森病,并需要长期且有规律地服用药物进行治疗。

第三,肢体的运动功能是否良好。

(二)老年人的认知评估

老年人的认知功能,影响着其晚年是否能独立生活,也影响着其晚年的生活质量。因此,在开展老年心理评估时,老年人的认知评估是一项重要内容。而在对老年人的认知进行评估时,可具体从以下两个方面着手。

1. 智力的评估

老年人的智力状况,对其生活的影响是十分明显的。在评估老年人的智力状况时,主要看其是如何保持头脑积极运转的。是阅读、做填字游

第七章 老年人的心理健康评估与老年心理服务体系的构建

戏,还是从事其他激发智力的活动?受教育水平并不是老人智力能力的最准确的指征,老人运用智力资源解决问题或保持与生活的对接才是其智力的更好指征。受教育非常少的老人可能有令人称奇的创造力和资源,用来保持他们对环境的掌控感。

2.记忆力的评估

评估老年人的记忆力,为的是准确把握老年人的记忆能力,纠正老人对自己记忆能力的错误评价,继而消除老年人对记忆减退的恐惧心理。在对老年人的记忆力进行评估时,主要依据以下几个方面。

第一,老年人对于最近发生或是很久以前发生的事情,是否能较容易地记起?

第二,老年人是否经常不自觉地出现"我不记得"的反应?

第三,老年人是否总是会对特定的信息进行重复而自己却不知道?

第四,老年人是否担心丧失记忆?老年人是否意识到自己在逐渐丧失记忆?老年人是否接受了自己丧失记忆这一事实,并将其作为变老的一部分?

(三)老年人的情绪状况评估

老年人的情绪状况对其生活态度、生活状态等有着重要的影响。因此,对老年人的情绪状况进行评估也是老年心理评估的一项重要内容。

在对老年人的情绪状况进行评估时,主要是看老年人是否具有稳定的情绪状态,对此可从以下几方面进行判断。

第一,老年人是否显得抑郁或者表示自己感到悲哀?若是存在抑郁情绪会持续多长的时间?

第二,老年人在大部分时间是否都是无精打采的?

第三,老年人是否有事没事便会出现焦虑或是忧虑的情绪,继而难以集中精力做简单的事情?

第四,老年人的情绪是否是积极的?

(四)老年人的精神障碍评估

老年人若存在精神障碍,必然会影响其心理的健康发展,其晚年的生活也必然会受到影响。因此,在进行老年心理评估时,老年人的精神障碍评估也是一项不可忽视的内容。通常来说,老年人常见的精神障碍有:幻觉,即没有相应的客观刺激时所出现的知觉体验,这是一种比较严重的知觉障碍,可引起愤怒、忧伤、惊恐、逃避乃至产生攻击别人的情绪或行为反应;错觉,即"人们观察物体时,由于物体受到形、光、色的干扰,加上人们的生理、心理原因而误认物象,产生与实际不符的判断性视觉误差",[1]病理状态下的错觉会导致一些不可挽救的后果,需要及时进行治疗;妄想,妄想症患者多伴有幻觉,但无其他明显精神症状,一旦发现老人出现妄想,要及早送至老年精神科门诊治疗,以免使患者病情加重,甚至出现暴力攻击行为。

二、老年心理健康评估的基本方法

在进行老年心理健康评估时,需要借助于一定的方法,常用的有以下几个。

(一)观察法

在进行老年心理健康评估时,观察法是最容易操作的一种方法,通常在危急时刻或条件受限时进行运用。评估者在运用这种方法时,需要对老年人的容貌、着装、言语、表情、动作、姿态及与旁人的接触是否主动等进行细致的观察,以便对老年人的心理状态进行初步但准确的判断。

(二)问卷法

老年心理健康评估中的问卷法,就是评估者用统一、严格设计的问卷对老年人的心理和行为进行调查的一种方法。运用这种方法通常能在短时间内收集到大量的资料,而且便于进行定量分析。[2]

需要注意的是,在利用问卷法进行老年心理健康评估时,必须要做好问卷的设计工作。

第一,问卷中不宜出现过多的问题,且所有的问题都要围绕着研究主题展开。

第二,问卷中的内容以及表述方式,必须是能够被老年人理解的。

第三,问卷中的问题,应该是封闭性问题和开放性问题都占有一定的比重,但应以封闭性问题为主。

第四,问卷中问题的表述,应尽量隐蔽研究的真实意图,以便老年人的回答出现偏差。

---

[1] 王婷.老年心理慰藉实务[M].北京:中国人民大学出版社,2015:31.
[2] 哈里·T.赖斯,查尔斯·M.贾德.社会与人格心理学研究方法手册[M].北京:中国人民大学出版社,2011:215.

第五,问卷中的问题,应该符合老年人的身心特点以及老年人的实际发展状况。

(三)访谈法

在进行老年心理健康评估时,访谈法也是经常会用到的一种方法。所谓访谈法,就是通过与老年人进行面对面的口头交谈,了解和收集他们的心理与行为特征资料的一种方法。

利用访谈法开展老年心理健康评估,不仅可以了解老年人存在的心理健康问题及其产生原因,也可以对老年人的生活经历、个性特点、行为习惯等进行全面评估,从而更好地为老年人提供有针对性的心理健康服务、心理健康辅导等。

此外,评估者在利用访谈法对老年人的心理健康进行评估时,可以运用结构访谈和非结构访谈这两种形式。其中,结构访谈就是按照统一的设计要求,依据有一定结构的问卷而进行的比较正式的访谈,对选择访谈对象的标准和方法、访谈中提问的内容方式和顺序、被访者回答的方式、访谈记录的方式等都有统一的要求,有时甚至对访谈的时间、地点、周围的环境等外部条件都有统一的要求。这种方法所获得的结果便于统计分析,但缺乏弹性。非结构访谈就是只按照一个粗线条式的访谈提纲而进行的非正式的访谈。[①] 这种方法对访谈对象的条件、所要询问的问题等只有一个粗略的要求,访谈者可以根据访谈的实际情况而灵活地调整提问的方式、顺序等。这种方法有利于发挥访谈者和被访者的主动性与创造性,有利于加深和拓宽对问题的研究,但难以进行定量分析,对访谈者的要求也较高。

(四)心理测验法

心理测验法即借助于一些心理健康评估量表对老年人的心理健康状况进行评估的方法。老年抑郁量表、幸福感评估量表、社会支持量表、生活事件量表、日常生活能力量表等,对于老年心理健康评估都有一定的作用。此外,借助于心理健康评估量表可以较为准确地诊断出老年人某方面心理发展水平或特点,也能进一步判断老年人心理健康发展的个别差异以及不同年龄段老年人心理健康发展水平的一般特点。

---

① 金盛华.社会心理学(第 2 版)[M].北京:高等教育出版社,2010:52.

第三节 日益高涨的老年人心理需求

重视和理解老年人的心理特点,解决其正常的心理需求,对于稳定老年人的情绪、改正老年人的不良认知、促进老年人的健康长寿有重要意义。在当前,老年人的心理需求呈现出日益高涨的趋势,对此必须要有明确的认知,并积极满足老年人的不断高涨的心理需求。就当前来说,老年人的心理需求主要有以下几个。

一、健康需求

健康需求是老年人存在的一种普遍心理状态,人到老年,体力下降,机体各种功能逐渐衰退,老年人易产生一种怕病、惧死的心理。这就要求社会要高度重视老年人的健康问题,不断加强老年人的医疗保健,确保老年人能够老有所医。

老有所医是人在全面的身体和心理老化过程中,还能保持相对满意的生活质量的先决条件之一。老年人即使有优越的经济条件,也有子女的尽心陪伴、亲朋好友的关心,若无法拥有健康的体魄和精神状态,也仍不会感到幸福。各种病痛的折磨和肢体功能的缺损,只会让老年人陷入无尽的黑暗,甚至产生厌世轻生的想法。

二、依存与和睦需求

家庭和社会赡养老年人,是人类社会文明独有的人性和道德光辉的体现。老年人的精力、脑力、体力等相比年轻人来说要差很多,而且有不少老年人会出现生活不能完全自理、感觉人生十分孤独等现象。因此,对于老年人来说,他们希望得到子女的抚养、社会及单位的关心照顾,也希望朋友能够往来、老伴身体健康并能体贴自己,从而感到老有所依。

此外,老年人不论家庭的经济状况如何,都希望拥有和睦的家庭环境,畏惧亲子关系的破坏。同时,老年人也希望能够与邻里和睦相处、互帮互助。[1] 只有这样,老年人才能感到温暖和幸福。

---

[1] 金盛华.社会心理学(第 2 版)[M].北京:高等教育出版社,2010:248.

三、工作和学习的需求

老年人在退休离开工作岗位后,由社会角色转为家庭角色,这种落差很容易让他们感到不适应。通常来说,老年人仍希望为社会做些有益的事情,且有工作和学习的需求。他们的这一需求如不能得到有效满足,不可避免地会引起他们的失落感。

工作的需求是老年人寻求自我价值实现和社会肯定的重要表现。人作为社会化的动物,不能脱离社会关系而独自存在。人们一方面从社会中获得生存和发展的各种资源,另一方面贡献于社会而得到其他成员的认可和接纳。到了老年也是如此,老年人利用自身的特长,结合个人兴趣,献身于公益或继续发挥其他作用,是对幸福和快乐的高层次精神需求的满足。因此,有很多精力旺盛的老年人在退休后依旧有着发挥余热、奉献社会的强烈愿望。在社区里、在街道旁,人们都可以看到老年人矫健的身姿,他们能在公益事业活动中实现自身价值,并从中感受到助人的幸福,以满足自己为社会奉献力量的良好愿望和心理需求。

此外,学习的需求是老年人认识和了解客观世界,不断完善自我的有效手段。人的生命是有限的,对知识、理论和技能的渴望则是无限的。老年人离开忙碌的本职工作,面对充足的个人时间,正好可以顾及多年来没有机会实现的理想。老年群体的学习热情是不断体验和接受新事物,防止与现实社会脱节的必要条件,当然也会乐在其中。许多老年人有着强烈的求知欲,退休后,他们积极学电脑、学英语,继续充电,使自己能够跟得上时代的步伐,做到活到老、学到老,从知识中获得快乐和满足。经过不断地学习后,老年人能更好地应对时代的变化,也能更容易地与晚辈进行沟通、交流。这对于提高他们的心理健康和身体健康水平来说是十分有益的。

四、尊敬与直爽需求

老年人很容易因年龄的增长、自主能力的减弱、记忆力的减退等而担心自己不再被尊重,继而可能会引发悲观、抑郁等不良情绪,甚至引发各类疾病。因此,满足老年人的尊敬需求也是十分重要的。[1]

此外,老年人由于心理活动的变化,往往变得更为心直口快,而且很容易出现多疑、多忧、多虑等行为。对于老年人的这些改变,家人一定要

---

[1] 彭聃龄. 普通心理学(第4版)[M]. 北京:北京师范大学出版社,2012:373.

予以理解,并注意与老年人说话时尽量不要转弯抹角,以免伤害老人,影响其身心健康。

五、支配与求偶需求

人在年老后很可能失去对原来生活和家庭事务的支配权,这也可能导致老年人对过去的怀念和向往。因此,晚辈们应适当满足老人的一些支配权。

由于老年人丧偶后独自生活会感到孤单寂寞,而且子女的照顾不能替代两性亲密关系的作用。因此,当老年人产生求偶需求后,子女应尽可能予以支持,以便他们能愉悦地度过晚年。[①]

六、环境与娱乐需求

老年人一般都喜欢安静舒适的生活环境,不过适度的热闹对于老年人的身心健康也是有益的。此外,老年人由于没有工作负担,心情及生活比较闲适,再加上空闲时间比较多,因而会有较多的娱乐需求。良好而健康的娱乐活动不仅能增强老年人的体质,也是老年人获得快乐的重要源泉、保证老年人心情愉悦的扩展方式。因此,必须重视老年人的娱乐需求,努力提升他们的晚年生活特别是精神生活的品质,继而确保老年人心理的健康发展。

第四节 老年人心理健康教育实施

对老年人实施心理健康教育,就是在健康教育过程中,根据老年人个体以及老人群体的生理、心理特点,以及社会环境对其的影响,运用心理学和教育学的原理和方法,采取有目的、有计划的措施,对老年人进行教育,培养他们健康的心理素质,促进个性的全面成熟和发展,以最终达到提高心理健康水平的目的。

一、老年人心理健康教育实施的意义

实施老年人心理健康教育具有十分重要的意义,具体表现在以下几

[①] 杨守芳. 丧偶老人再婚前后心理状态分析[J]. Aging, 2015, 8 (4): 16-32.

个方面。

(一)能够促进社会主义和谐社会的构建

在实施老年人心理健康教育时,引导广大老年人做到政治坚定、思想常新、理想永存是一项重要的政治任务。而这项政治任务的实现,对于我国社会的健康发展以及社会主义和谐社会的构建具有重要的意义。此外,老年人作为整个社会的重要群体,老年教育作为思想文化建设的重要载体,理应而且可以在构建社会主义和谐社会中发挥积极作用。因此,应将老年人心理健康教育融入老年教育的框架体系中,为建设和谐社会发挥应有的作用。

具体来说,在实施老年人心理健康教育时,要注意增强广大退休干部和老年群体对党委、政府工作的信任和满意度,帮助老年人用新的活动方式或社会关系,取代因年老退休而失去的活动方式或社会关系,实现"老有所学、学而有为、参与社会、服务社会"的美好愿望,以缓解老年人出现的各种不良情绪。如此一来,在老年人的心理健康水平得到不断提升的同时,我国的社会主义和谐社会建设也能取得实效。

(二)能够提高老龄化社会的活力

依据联合国的预测,我国在 21 世纪上半叶,将一直是世界上老年人口最多的国家,这意味着我国已经进入未富先老的国家行列。对于一个未富先老的国家来说,人口老龄化会导致人口质量降低,还会加重社会负担,并对社会的可持续发展产生不利影响。《中华人民共和国老年人权益保障法》要求"国家和社会应当重视、珍惜老年人的知识、技能和革命建设的经验,尊重他们的优良品质,发挥老年人的专长和作用",并提出老有所养、老有所医、老有所教、老有所学、老有所乐、老有所为。因此,我国必须积极采取有效的措施,将老年人这一庞大的、潜在的人力资源引入社会主义现代化建设之中,引导他们为社会的发展做出贡献。为此,必须重视老年人的心理健康状况,积极开展老年人心理健康教育。从这一角度来说,实施老年人心理健康教育能够使老龄化社会充满活力。[1]

(三)能够真正实现老年人的健康长寿

老年人若出现心理问题,其身心健康会受到很大的影响。在过去相

---

[1] 吴璧锋.人口老龄化与老年人心理健康教育[J].医学与社会,2001,14(6):47-48.

当长的时间里,衡量人体健康、疾病和寿命的长短往往只强调生物因素、物理因素和化学因素,忽略了心理因素。心血管专家介绍,30%～40%的常见病,其发展与人的心理行为因素有关。被称为老年人"三大杀手"的心血管病、脑血管病和恶性肿瘤,其致病的因素,心理方面的原因已经超过生理原因。同时心理疾病还会诱发或加重常见老年病,如高血压、糖尿病、胃肠功能紊乱、老年痴呆症等众多疾病。大量实践证明,消极情绪是破坏身体免疫系统的凶手,也是导致身心疾病的诱因。老人心理健康问题,不仅事关老年人的健康,还关系到千千万万的家庭和社会。因为存在心理问题,不少老年人无法与家人、朋友以及社会机构处理好关系,一些老年人由于无法理性面对矛盾冲突,采取自杀等极端行为。还有一些老年人则走向偏执和偏激,甚至对周围的人及社会、政府产生敌对和仇视心理。如此一来,老年人的身心健康水平不断降低。要从根本上改变这一状况,切实实现老年人的健康长寿,就必须积极实施老年人心理健康教育,[①]不断提高老年人的心理健康水平。

二、老年人心理健康教育实施的目标

在实施老年人心理健康教育时,要尽可能实现以下几个目标。[②]

第一,深入了解并分析老年人的不同需求。

第二,为老年人创设一个良好的心理环境。

第三,消除老年人的不良情绪反应,预防、解决老年人的心理困惑和心理问题。

第四,提高老年人的心理适应能力。

三、老年人心理健康教育实施的对象

在对老年人实施心理健康教育时,主要的教育对象有以下几个。

第一,老年个体,既可以是心理健康的老年人,也可以是存在问题困惑或心理问题的老年人,还可以是患有心理疾病的老年人。

第二,老年群体,既可以是心理健康的老年群体,也可以是存在某一类心理问题或心理困惑的老年群体。

第三,老年个体亲属,对老年个体的亲属进行心理健康教育,能够使

---

① 陈玲英. 心理健康教育对社区老年人情绪状况的影响[J]. 世界最新医学信息文摘, 2016 (16): 308-309.
② 吴璧锋. 人口老龄化与老年人心理健康教育[J]. 医学与社会, 2001, 14 (6): 47-48.

他们知道如何与老年人进行和谐相处,这对于老年人的心理健康发展也是极有帮助的。

第四,心理服务者自身,对心理服务者进行老年人心理健康教育,可以使他们更为全面、深入地了解老年人群及其家属可能出现的问题,并牢固掌握解决问题的办法以及心理教育方法。①

四、老年人心理健康教育实施的原则

在实施老年人心理健康教育时,要想获得良好的成效,必须遵循一定的原则。具体来说,老年人心理健康教育的实施原则有以下几个。

(一)针对性原则

针对性原则指的是在实施老年人心理健康教育时,要充分考虑到老年人的身心发展特点。具体而言,老年人的身心发展特点主要体现在以下几个方面。

1. 老年人的身心特点

老年人处于不同的身心发展阶段时,对于实施心理健康教育的需求、内容和方式等也会有一定的差异。一般而言,一个人在进入老年期以后,大致都要经历四个阶段,即角色转换阶段、适应阶段、重新计划人生阶段和稳定阶段。老年人在经历这四个阶段的过程中,由于生理和心理难以适应,便容易出现一些心理问题。

2. 老年人的个性特点

老年人由于在体型、体质、性格、气质、能力、知识、技能等特征的组合方面是不尽相同的,在其影响下,不同的老年人便形成了不同的个性特点。这要求在实施老年人心理健康教育时,必须准确把握老年人的个性差异,并以此为依据,采用灵活多样的心理健康教育途径,以取得最佳教育效果。

3. 老年人的性别特点

由于历史、传统、文化等方面的原因,男女之间形成了差异较大的性别角色。通常而言,女性老年人更容易出现自卑、孤僻、抑郁等心理问题。因此,老年人心理健康教育工作者应根据现代差异心理方面的研究成果,

---

① 吴吉惠,李阳,刘明月. 南充市社区居家养老老年人心理健康教育研究[J]. 中国老年医学保健杂志,2018,16(6):85-87.

帮助女性老人破除迷信，解放思想，帮助她们重新建立起自信。

4.老年人的时代特点

随着时代的发展，在老年人的身上也会出现一些新的特点。就当前来说，老年人大多出生在新中国成立前或建国初期，饱经沧桑，亲历了中国的历史变迁，人生阅历丰富，许多老年人在多年的社会实践中养成了一定的生活作风和习惯，随着年龄的增长，这些作风和习惯不断得到强化。因此，他们在评价和处理事物时，往往容易坚持自己的意见，不愿接受新事物、新思想，经常以自我为中心，很难正确认识和适应生活现状。此外，大多数老年人希望自己能够看到自己从事过的事业蓬勃发展，看到社会的进步与儿孙们的茁壮成长。因此，他们都希望自己有个健康的身体，一旦生了病则希望尽快痊愈，不留后遗症，不给后辈增加负担。尽量使自己身体健康、延年益寿，以求能够看到自己的愿望得以实现。

(二)尊重性原则

尊重性原则指的是在实施老年人心理健康教育时，实施者必须要给予老年人最大的理解和尊重，既要尊重他们的人格与尊严，也要尊重他们的权利，还要承认他们的独立性以及他们在人格上与实施者是平等的。只有这样，老年人才能积极主动地参与到心理健康教育活动之中，才愿意敞开心扉接受心理健康教育。

(三)全面性原则

全面性原则指的是在实施老年人心理健康教育时，要尽可能覆盖所有的老年人，即要为全社会的老年人服务。为此，在制订老年人心理健康教育计划时，必须要着眼于全体老年人，并要注意依据大多数老年人的需要及普遍存在的问题来选择、确定教育内容。此外，在实施老年人心理健康教育时，要尽量给予每一个老年人了解他人并与他人交流的机会。

这里需要特别指出的是，实施老年人心理健康教育要遵循全面性原则，并不是意味着可以完全不顾老年人特殊的心理需求或是心理问题。事实上，在制订并实施老年人心理健康教育计划时，也要充分考虑老年人特殊的心理需求或是心理问题，以便给予实际帮助。

五、老年人心理健康教育实施的途径

在实施老年人心理健康教育时，需要借助于一些有效的途径。就当

第七章 老年人的心理健康评估与老年心理服务体系的构建

前来说,老年人心理健康教育实施的有效途径主要有以下几个。

(一)积极构建有利于老年人心理健康的社会支持系统

老年人是社会的一分子。因此,在实施老年人心理健康教育时,必须充分发挥社会的作用。[1]也就是说,社会要对老年人心理健康教育的实施提供有利的支持。具体来说,社会可从以下几方面着手来支持老年人心理健康教育的实施。

第一,要积极发扬尊老爱老的传统美德。老年人为社会做出过不少贡献,希望得到社会更多的认可和尊重,尊老爱老是中国人的传统美德,尤其是在已步入人口老龄化社会的中国,老年人口与日俱增,整个社会都应该关注、爱护、尊重老年人,形成良好的社会风气。

第二,加快构建社区老年人心理健康服务体系。老年人在退休后,绝大多数都会居住在社区内,而社区所具有的邻里互助、情感交流、组织协调等功能在一定程度上正好可以弥补家庭养老的不足。因此,社区作为老年人最主要的生活空间,应承担起为老年人心理健康服务的责任,比如积极开展一些有益于老年人身心健康的活动,宣传心理健康知识,帮助老年人正确认识疾病,增强老年人对生活的信心等。

第三,大力建设和推广老年组织。政府应建立各种类型的老年组织来满足老年人发挥余热、学习、娱乐的需求,并可以借助老年组织适时对老年人进行心理健康教育。

(二)积极营造良好的家庭环境氛围

在人的成长与发展过程中,家庭始终发挥着极为重要的作用。家是一个人生命的发源地,是人们生活最长久、个人身心最为投入的所在,是一个人心灵的寄托,是人们安置情感的最佳寓所。作为社会的细胞,家庭对一个人的一生有着其他社会要素无可替代的作用。如今,社会经济、政治、文化生活的急剧变动,直接引起了婚姻家庭组织及其关系的变更,不仅给传统的家庭生活方式带来了猛烈的冲击,而且使家庭给老年人的安全感大打折扣。因此,如何确立科学的现代家庭理念,建立健全文明健康的家庭生活方式,营造良好的家庭氛围,对于老年人的心理健康有着非同

---

[1] 徐桂荣.老年人心理健康教育必要性的探讨[J].实用医技杂志,2004,11(7):1221-1222.

寻常的意义。也就是说,要积极营造良好的家庭环境氛围。[①]这不仅能提高老年人的心理健康水平,而且良好的家庭环境氛围对于老年人心理健康教育的实施有积极的促进作用。

(三)积极发展老年教育

老年教育要把老年心理健康教育作为重要的教育内容,即老年教育的专业和课程设置要有利于老年人身心健康,老年教育场所的环境要有利于老年人心情愉悦。老年大学应尽力配备心理咨询项目和师资,为老年学员开展心理咨询。老年教育的开展是提高老年人心理健康水平的重要途径,[②]老年教育尤其是老年心理健康教育在社会主义和谐社会建设中必将发挥重要作用。

六、老年人心理健康教育实施的注意事项

老年人心理健康教育的实施要想取得成效,实施者还需要特别注意以下几个方面。

第一,在实施老年人心理健康教育的过程中,实施者要提前撰写好老年人心理健康教育活动策划书。在撰写老年人心理健康教育活动策划书时,一要注意语言力求平实、准确、简洁,语句准确,避免主观臆断,同时在词语的选择方面,不要出现感情色彩不当、有歧义甚至生造的词语;二要注意根据活动性质来明确活动的对象与内容,必须要确保活动内容与活动对象相匹配;三要确保活动有鲜明的亮点,能够吸引老年人积极参与其中;四要注意明确活动的执行时间、流程、工作分工等是否细致科学;五要注意制定应急预案和必要的防范措施,以切实保障老年人的人身安全。

第二,在实施老年人心理健康教育的过程中,实施者要充分了解老人们的生活环境。随着年龄的不断增长,老年人对于人情世故的态度也在不断淡化,特别是住在养老机构的老人,生活环境相对局限,内心深处也与外部世界产生隔阂,其思想观念与我们大不相同。因此,要想更好地开展老年人心理健康教育,就要全面地了解老年人的生活环境,明白他们是否过得舒心。

---

① 王琳晶,常红,关立峰,张淼,程朝晖,林春盛,郑丽红.社区居家养老老年人心理健康相关方面的教育研究[J].教育现代化,2019(7):291-292.
② 崔明.老年大学学员心理健康状况对照研究[J].中国心理卫生杂志,1999,13(2):90.

第三,在实施老年人心理健康教育的过程中,实施者要充分了解老年人的健康状况。明确老年人的健康状况,[①]掌握老年人存在的健康问题,能够确保实施的老年人心理健康教育更具有针对性。

第四,在实施老年人心理健康教育的过程中,实施者要尽可能地站在老年人的角度思考问题,避免主观臆断。

第五,在实施老年人心理健康教育的过程中,实施者要注意与老年人建立良好的交谈关系,并要注意倾听老年人说话,以便更全面地了解老年人的身心状况。

第六,在实施老年人心理健康教育的过程中,实施者要注意运用好非言语沟通的方式,并注意观察老年人的非言语行为。

第七,在实施老年人心理健康教育的过程中,实施者要随时注意老年人的细节变化,比如冷、热、咳嗽、口渴、如厕等问题,以便及时做出正确处理。

第八,在实施老年人心理健康教育的过程中,实施者必须要把握好教育的时间,因为老年人集中注意力时间明显短于年轻人。为此,为老年人提供的心理健康知识不宜过多,以免引起老年人的思维混乱。

第九,在实施老年人心理健康教育的过程中,实施者要充分考虑老年人不同的文化教育素质,并尽可能利用他们原有的经验和知识,以便所传授的心理健康知识更容易被老年人理解和接受。

第五节 老年人心理咨询与心理治疗

伴随着市场经济的竞争激烈、工作环境的压力增大、生活节奏的加快,人们的各种心理问题日益突显,心理咨询与心理治疗也日益受到人们的关注。对于老年人来说,其在出现了心理问题且自己不能解决时,也应积极求助于心理咨询与心理治疗,以便维护自己身心的健康发展。

一、老年心理咨询

为老年人提供心理咨询服务,对提高老年人生活质量,改变老年人的心理障碍以及不良生活方式和不良行为习惯有着重要的意义。

[①] 陈美好. 老年人的心理状况调查及心理健康教育[J]. 当代医学, 2010, 16(15): 118-119.

(一)老年心理咨询的含义

所谓老年心理咨询,就是心理咨询的人员对来访的老年人或家属、亲朋提出的问题和要求,通过进行共同分析、研究和讨论,找出问题的症结,然后经过心理咨询人员对老年人予以启发和指导,使其摆脱困境和情绪危机,最终克服情绪障碍,获得身心健康发展的活动。

(二)老年心理咨询的对象

相对健康的和存在一定心理问题的老年群体,以及老年人的家属、子女、亲友或老年人所在团体等,都可以是老年心理咨询的对象。通常来说,老年心理咨询对象不同程度地存在着一些可能影响身心健康而又难以解决的心理问题,需要通过咨询给予援助。此外,要成为老年心理咨询的对象,还必须具备以下几个条件。

第一,老年心理咨询对象要具有一定的智力基础,能够叙述自己的心理问题及其他相关情况,并能够理解咨询师的意思。

第二,老年心理咨询对象要有适当的心理咨询内容。一般而言,老年人适合进行心理咨询的领域有与社会心理因素有关的各种适应不良、情绪调节问题、心理教育与发展问题等。严重的神经症患者等则不适合进行心理咨询。

第三,老年心理咨询对象要有合理的动机。老年心理咨询对象只有具备咨询动机且咨询动机合理,才能进行心理咨询,否则不适宜做心理咨询,或是即使进行了咨询咨询也难以取得成效。

第四,老年心理咨询对象要有基本健全的人格,即无严重的人格障碍。老年心理咨询对象若是存在严重的人格障碍,不仅会阻碍咨询关系的建立,还会影响咨询的顺利开展以及最终的成果,因而不适合进行心理咨询。

第五,老年心理咨询对象要有基本的交流能力,即能够对自己的心理问题进行较为清楚、明白的表达,并能够对咨询师的意思予以理解。

第六,老年心理咨询对象要对心理咨询有一定的信任度,即求助者对心理咨询、心理咨询师及心理咨询师所持的理论、方法应给予充分信任。只有这样,心理咨询才能取得良好的效果。

(三)老年心理咨询的类型

老年心理咨询依据不同的标准,可以分为不同的类型。其中,老年心理咨询最常见的分类方法有以下两种。

1. 以来访者的不同为依据进行分类

以来访者的不同为依据,可以将老年心理咨询分为直接咨询与间接咨询两类。

(1) 直接咨询

由咨询师直接对来访者进行的咨询,便是直接咨询。其特点是通过咨询师与来访者的直接交往,对来访者的问题进行准确了解和对症下药。

(2) 间接咨询

由咨询师从当事人的家人、亲朋好友等处了解当事人的心理问题,并通过他们对当事人实施指导,便是间接咨询。其特点是咨询师与当事人之间存在中介人,因而当事人的心理问题以及咨询师的指导意见都需要通过中介人的转述与实施。不过,在这一过程中,中介人可能从自己的角度出发对当事人的心理问题进行描述,也可能对咨询师的指导意见进行权衡后予以实施。为避免这种情况,咨询师必须正确处理与中介人的关系,确保其意见为中介人接受并合理实施。

2. 以来访者的人数为依据进行分类

以来访者的人数为依据,可以将老年心理咨询分为个体咨询与团体咨询两类。

(1) 个体咨询

个体咨询就是咨询师与来访者进行一对一的咨询,着重解决来访者个人的心理问题。它能够使来访者进行充分详尽的倾诉,将自己心中的烦恼、焦虑、不安或困惑直接告诉咨询师,咨询师在耐心倾听的基础上,可以与来访者进行面对面的磋商、讨论、分析和询问,这种形式显得直接和自然。同时,这种心理咨询方式有助于咨询师对来访者进行直接观察、了解和诊断,以确保咨询效果最大化。

(2) 团体咨询

在团体情境中提供心理帮助与指导的方式,便是团体咨询。它是通过团体内人际的交互作用,促使个体在交往中通过观察、学习、体验,认识自我、探讨自我、接纳自我,调整和改善与他人的关系,学习新的态度与行为方式,以发展良好生活的过程。也就是说,团体咨询重在通过团体来指导个人,通过团体活动协助发展个人潜能,学习解决问题及克服情绪和行为上的困难。此外,团体咨询重在解决来访者共同的心理问题。

(四)老年心理咨询的任务

对于心理咨询师来说,在开展老年心理咨询时,需要实现以下几项任务。

1. 帮助来访的老年人深化自我认知

当人们真正认识自己的时候,也就认识了自己的需要、价值观、态度、动机、长处和短处。如此一来,人们便能随时根据自己的情况来绘制蓝图,继而促使自己尽快成长并获得最大程度的幸福。因此,心理咨询师应积极引导来访的老年人进行自我探索,促进他们自觉思考。

2. 帮助来访的老年人建立新的人际关系

心理咨询师在面对来访的老年人时,总是带着真诚的态度来回答他们的问题,并积极与他们建立相互理解的人际关系。[①] 此外,在心理咨询中老年人可以做出过激的或冷漠的反应,心理咨询师坦诚的付出不需要代价,他们常常用积极的态度去回应,以促进老年人做出新的反应。应该说,心理咨询师对求助者做出的反应是崭新的、具有建设性的,并且促进求助者的自我理解,增进求助者的自尊、自信和独立自主精神,并有利于其潜力的发挥,求助者能够把自己与心理咨询师的关系及发展关系等多方经验,成功地运用于人际交往之中。

3. 帮助来访的老年人增加心理自由度

心理咨询允许老年人有不足,并且帮助他们明白一个人成长的道路总是与不完善和不足相伴的。而一旦这些人按照他们自身的本性自然而然地成长起来的时候,他们就有更大的自由去享受生活,从而使他们得到解脱。也就是说,心理咨询师要通过为来访的老年人提供心理咨询,促使他们的心理自由度不断得到增加。

4. 帮助来访的老年人纠正错误观念

通常来说,心理咨询师面对的来访老年人都会存在不同程度、不同性质的错误观念,而且正是这些错误观念导致来访老年人产生了心理问题。因此,心理咨询师一定要引导来访的老年人坦然面对他们的错误观念,并

---

① 高洁. 应用丰富环境理论方法缓解老年痴呆的心理咨询个案[J]. 中国健康心理学杂志, 2016, 24(2): 317-320.

第七章 老年人的心理健康评估与老年心理服务体系的构建

积极采取措施进行纠正。①

5. 帮助来访的老年人学会面对现实问题

通常来说,心理咨询师面对的来访老年人在应对现实问题时所采取的方法往往是不恰当的,或是躲避现实以减少自己的焦虑,或是按照自己的愿望面对现实等。这些不恰当地面对现实的方法,也是导致来访老年人产生心理问题的一个重要原因。因此,心理咨询师必须积极引导来访的老年人回到现实生活中去。

6. 帮助来访的老年人认识自身的内部冲突

老年人自身的人格特点和处事风格等是导致其产生心理问题的一个重要原因,因此心理咨询师在面对来访的老年人时,必须帮助他们认识到大部分心理问题是由内部产生的,② 外部环境不过是一个方面,而且人们遇到的与周围环境之间或人与人之间的问题,正是内部冲突的外部表现和反映。在此基础上,心理咨询师还要帮助来访的老年人学会使软弱的内心世界变得坚强起来,继而更加惬意、充实、美满地度过余生。

(五)老年心理咨询的内容

老年心理咨询的内容,概括来说有以下几个。

1. 对各种情绪障碍的咨询

在来访的老年人中,有许多人存在情感障碍,如心理空虚、有严重的孤独感和焦虑、抑郁情绪或恐惧、紧张情绪等。心理咨询师在咨询中,要帮助来访者分析原因、指导对策、消除心理危机(如心境恶劣、老年人萌生自杀意念或有自杀倾向)、帮助老年人解除疑虑、端正态度、树立信心和生活勇气。

2. 家庭生活方面的咨询

在老年心理咨询中,家庭生活方面的咨询也是十分常见的一项内容,而且进行这方面咨询的老年人多存在精神上的障碍。此外,在这项内容的咨询中,最为常见的是老年人与子女的冲突、子女不认真赡养老人、子女虐待老人等。

---

① 李蕊,袁冰,伍芳芳,刘敏,李君. 认知行为团体心理咨询对老年冠心病患者焦虑抑郁的干预效果[J]. 中国健康心理学杂志, 2019, 27(2): 228-231.
② 刘媛媛,张晓燕,张澜. 认知行为集体心理咨询对老年高血压患者焦虑情绪的干预效果[J]. 中国心理卫生杂志, 2017, 31(1): 13-18.

3. 对身心疾病的咨询

对于老年人,疾病是必然会面对的一个问题。情绪与疾病关系密切,通过心理咨询,帮助老年患者弄清疾病的性质、诊断和治疗措施等,可以使他们摆脱心理困扰,尽早恢复身心健康。

4. 对社会适应问题的咨询

一个人在进入老年期后,通常会面对退休、丧偶、空巢、代际关系及再婚等一系列的社会适应问题。老年人在面对这些社会适应问题时,如不能及时调整自己的角色,很容易产生各种各样的心理困惑或心理问题。因此,对社会适应问题的咨询也是老年心理咨询的一项重要内容。

5. 心理卫生知识咨询

在开展老年心理咨询时,心理卫生知识咨询也是一项十分重要的内容。心理卫生知识咨询对老年人来说尤为重要。老年人退休在家空闲时很多,加之现在生活水平的提高,老年人都希望有一个健康的身体,以欢度晚年,他们不仅要长寿,更要健康长寿。如何达到健康,尤其是心理的健康是老年人关注的内容。为了获得这方面的知识,老年人便会通过心理咨询师进行心理卫生知识的咨询。

(六)老年心理咨询的过程

在开展老年心理咨询时,为了获得良好的成效,需要遵循以下几个步骤。

1. 收集来访老年人的相关信息

在开展老年心理咨询时,首要的一个步骤便是收集与心理咨询相关的信息。在收集这些信息时,主要是听取来访的老年人或其家属的叙述,因此心理咨询师要善于听取来访的老年人的叙述,并应用咨询技巧鼓励其倾诉内心的痛苦,诱导来访的老年人将深藏于一般语言背后的感受表达出来。此外,收集的信息需要包括以下几个方面。

第一,来访老年人的基本情况,包括姓名、性别、年龄、文化程度、原来的职业等。

第二,来访老年人的生活经历、所经历的重大生活事件。

第三,来访老年人的家庭环境与健康状况。

第四,来访老年人的人格与情绪等心理测验的结果。

第五,来访老年人需要咨询的问题。

2. 分析诊断来访老年人的心理问题

在收集了来访老年人的相关信息后,就需要依据这些信息,并结合心理学的相关知识,分析诊断来访老年人的心理问题,即辨明来访老年人心理问题的类型、性质和严重程度等。在此基础上,才能确立明确的心理咨询目标,选择帮助的方法。

在这一过程中,心理咨询师要注意引导来访的老年人围绕主题提出更多的事实、想法和感觉,以帮助他们进一步了解自己及自己对他人的一些混淆感受与态度,协助他们对自己的感受、信念、行为及所处境况有自觉的了解。[①] 此外,心理咨询师为了确保分析诊断结果的真实性,必要时应做现场调查,以了解来访的老年人的社会家庭环境,增加直观的感性知识。

3. 进行信息反馈

进行信息反馈,就是心理咨询师将自己对来访者问题的了解和判断适时反馈给当事人,使来访者能够做出进一步的决定,考虑是否继续进行咨询。对于咨询师给予来访者的信息反馈,来访者也可提出问题或做出补充,以便咨询师更准确地进行诊断。

4. 确立心理咨询的目标

当来访的老年人决定继续进行心理咨询后,就需要依据来访老年人的实际情况确立合理的心理咨询目标。通常来说,所确立的心理咨询目标应该包括三个方面:一是直接目标,即当事人面临的具体问题的消解;二是当事人目前需要解决的重要问题;三是终极目标,即来访者达到自我实现。这三个心理咨询的目标,远近结合,相互作用。

5. 改变来访老年人的认知结构

在心理咨询过程中,仔细地探讨来访的老年人所存在的主要问题,能够使他们对自己的心理问题有所醒悟,继而重建正常的认识。为了实现这一点,心理咨询师要初步设计并提出解决来访的老年人心理症结的多种办法,并与来访的老年人一起研究这些方法可能引起的结果并进行评价,让他们通过对比进行最优化选择,选择一个最适合自己的解决办法。若在试行时出现问题或失败,则应回过头去,仍从前几个阶段的工作做起,并应对前一阶段的失败进行反思,重新确定主要问题,剖析问题,并制

---

① 张辉,孙红.焦点解决短期心理咨询技术在老年心理咨询中的运用[J].中国全科医学,2017,13(4B):1239-1241.

定新的实施方案,直到成功。

此外,在这一阶段,心理咨询师还要注意用摆事实、讲道理的方式帮助来访的老年人纠正认识上的偏差,[①]并注意通过有针对性的心理和行为指导为老年人解决心理问题,解除其心理上的压力,促使来访的老年人与其环境达到和谐一致。

(七)老年心理健康咨询的注意事项

咨询师在开展老年心理健康咨询时,要想取得良好的效果,以下几方面要特别予以注意。

第一,咨询师要不断提升自身的素质。老年心理健康咨询是一项复杂、艰巨而又崇高的工作,对咨询师的素质有着较高的要求。一般而言,咨询师必须具有心理学、心理咨询等方面的基本知识,也要具备中立性的态度、高尚的职业道德、良好的心理素质、良好的记忆力、丰富的想象力、坚强的意志和生动的语言表达能力等。

第二,由于心理健康咨询往往需要多次进行,为了保证咨询的连续性,咨询师在每一次咨询时都要注意对来访的老年人进行专门的咨询记录,以便定期观察,总结效果。

第三,咨询师在老年心理健康咨询过程中,要耐心、真诚并尊重老年人,耐心倾听来访的老年人的倾诉,营造一种和谐的交往气氛,使老年人对咨询师建立信任感。

第四,咨询师在老年心理健康咨询过程中,要尊重来访的老年人的权利和隐私,并要对来访老年人的相关情况和相关资料予以保密。这对于咨询师与来访的老年人建立相互信任的关系也有重要作用。

第五,咨询师在老年心理健康咨询过程中,切忌盲目"教导",应引导来访的老年人认识自己,不要让他们在离开时还带着深深的困惑。

第六,咨询师在老年心理健康咨询过程中,要充分尊重和理解来访的老年人。这对于心理咨询工作的顺利进行具有重要作用。

第七,咨询师在老年心理健康咨询过程中,要避免就事论事,不应把精力放在去解决来访的老年人的具体问题上。也就是说,咨询师要了解来访的老年人的具体问题症结,进行实事求是的分析,明辨是非,对来访的老年人应有全面的评估,应该考虑一些较高层次的目标,如帮助来访的老年人去除心理障碍,建立新的生存信念和人生观。

---

① 孙海潇,周红宇,叶瑞绵. 认知—行为团体心理咨询对老年冠心病患者抑郁和焦虑及服药依从性的影响研究[J]. 心理月刊,2018(11):26.

第七章 老年人的心理健康评估与老年心理服务体系的构建

第八,咨询师在老年心理健康咨询过程中,要注意使用适当的、简单的、清楚的语言,并要在谈话中避免不够精细和过分概括化,或探讨杂乱无章,以免影响咨询进程。

第九,咨询师在老年心理健康咨询过程中,要尽可能向来访的老年人提供克服心理障碍的方法,主动向来访的老年人传授有关的知识和技巧。

第十,咨询师在老年心理健康咨询过程中,要注意针对来访的老年人的特殊困难和情况来做出回应,这样来访的老年人才可以继续对问题做更深入地探讨,以便对自己的问题做出正确、深入和实际的了解。

二、老年心理疾病的治疗

老年心理健康治疗是一项专业化和技术性较强的工作,而且这项工作需要在老年心理健康咨询的基础上进行。也就是说,老年心理健康咨询的结果是进行老年心理疾病的治疗的重要依据。

(一)老年心理疾病治疗的含义

老年心理疾病治疗从广义上来说,就是以健康的心理活动的指导,治疗老人的精神症状和行为障碍,包括老人所处的环境和生活条件的改善、交往环境的设计和布置、专门的心理治疗技术的实施等。从狭义上来说,老年心理疾病治疗就是用心理学的原理和技术治疗老年人精神疾病和行为障碍的心理技术和方法,包括说服治疗、暗示治疗等。

了解老年人的身心特征、家庭与社会情况等,是进行老年心理疾病治疗的先决条件。

(二)老年心理疾病治疗的方法

在开展老年心理疾病治疗时,为了获得最佳的治疗效果,往往要借助于一定的心理疾病治疗方法。就当前而言,可用于老年心理疾病治疗的方法主要有以下几个。

1. 支持性疗法

在当前,临床常用的心理疾病治疗方法之一便是支持性疗法。这种心理疾病治疗的方法不需要特殊的条件和设备,属于较易掌握和应用的方法。[1]而且,运用这种方法进行心理疾病治疗就是治疗人员应用劝导、

---

[1] 陈怡,梁其生,叶伟健等.支持性心理治疗对复发老年抑郁症患者抑郁症状及生活质量的影响[J].新医学,2013,44(3):184-187.

启发、鼓励、同情等指导性方式,消除患者的疑虑,以保证、说服、评价等方法帮助和指导患者分析他所面临的问题,使其能遵循正确的生活方式,增强心理平衡调节系统的机能,增强对心理紧张状态的承受力,继而采取正确的方法摆脱心理紧张状态。

在老年心理疾病治疗中运用支持性疗法时,需要遵循一定的步骤,具体如下。

第一,收集来访的老年人的发病原因、家庭情况、社会背景、文化程度等一般性资料。

第二,借助于一些检查和测验,对来访的老年人进行心理疾病诊断,以明确其心理问题的性质、程度等。

第三,与来访的老年人在安静的房间内进行单独谈话,以便与其充分交换意见。在这一过程中,要先让来访的老年人谈自己的病情以及对病情的看法等。之后,治疗人员根据来访的老年人的自述以及之前检查、测验得出的结果,向其说明心理疾病问题的性质、原因、治疗措施、预后等,以便消除来访的老年人的紧张、恐惧、悲观、消极等不良情绪,改变或纠正他们对疾病的错误认识或不正确的态度,从而使其积极参与到治疗过程之中。

第四,每次治疗的时间一般以1小时为宜,每周不超过3次。一个疗程可视情况而定,但一般以不超过10次为宜。

2. 放松疗法

所谓放松疗法,就是通过一定的程序训练,使患者学会精神上或身体上(骨骼、肌肉)放松的一种行为治疗方法。在当前,这一方法常被用来进行独立的心理疾病治疗。放松疗法可以使患者心律、呼吸节律和耗氧量下降,从而有助于睡眠,主要包括抗阻等张收缩、无张力活动和等长收缩,鼓励患者在感知紧张的时候逐步进行放松,使自主神经活动向着有利于睡眠的方向发展,并且使警醒水平有所下降,从而进一步导致睡眠的发生。[①]

在老年心理疾病治疗中采用放松疗法,要想取得良好的成效,以下几方面应特别予以注意。

第一,要做好放松前的准备工作,如准备一个与周围环境隔离的房间,使房间保持适宜的温度,在房间内摆放舒服的椅子或沙发,让来访的老年人脱下鞋帽等对其有所束缚的东西等。

---

① 陈汉水,童绥君,马祺琳.药物联合心理治疗老年脑卒中后睡眠障碍的疗效[J].中国老年学杂志,2016,36(12):5856-5857.

第二,要让来访的老年人在治疗过程中始终保持舒适的姿势,一般来说以来访的老年人的肌肉可以不必用力就能支撑住身体为宜。

第三,整个治疗过程中,不可出现多余的动作,如吸烟、吃东西等。

第四,要合理安排放松时间,并要做到持之以恒。

第五,自我控制力差,过分焦虑、紧张或对该法有疑惑感、神秘感的老年人不宜使用这种方法。

3. 厌恶疗法

将引起身体痛苦反应的非条件刺激与形成不良行为的条件刺激结合起来,使病人发生不良行为的同时,感到身体的痛苦反应,从而对不良行为产生厌恶而使其逐渐消退的治疗方法,便是厌恶疗法。电击厌恶法、想象厌恶法、药物厌恶法等都是常用的厌恶疗法。

由于厌恶疗法会使患者产生不愉快的、甚至是痛苦的体验,因而治疗前要向病人讲清楚,征得本人的同意,使患者有一个心理准备。

4. 系统脱敏治疗法

诱导患者缓慢地暴露于导致神经症焦虑的情境,并通过心理的放松来对抗这种焦虑情绪,从而达到消除神经症焦虑习惯的目的的治疗方法,便是系统脱敏治疗法。

在老年心理疾病治疗中运用这种方法,要特别注意以下问题:增强患者对治疗的自信心;在恐惧刺激时不应回避;放松训练一定要先学会;选定的害怕事件层次要合理;对不会放松的患者,要求想象愉快情景,然后再进入,必要时可给予适量抗焦虑药物。

5. 认知领悟疗法

认知领悟疗法就是通过解释使患者改变认识,得到领悟而使症状减轻或消失,从而达到治病的一种心理疗法。

该疗法认为,老年人心理问题产生的根源不在现在,而在于无意识的幼年期创伤体验,幼年期创伤包括父母离异、缺乏或失去母爱、各种身体病痛和灾难、体罚、过度的情绪刺激、剧烈惊吓等。因此,治疗时可采用直接和病人一起座谈、分析临床表现的性质,使患者认识到感情和行为的幼稚性,领悟到这些感情和行为原来是幼年儿童的心理和行为模式,是和他的实际年龄和身份不相称的,从而主动放弃这些想法和行为。

(三)老年心理疾病治疗的过程

在开展老年心理疾病治疗时,要想获得良好的治疗效果,必须遵循以下几个过程。

1. 对来访的老年人进行体格检查和心理测验

在对来访的老年人进行心理疾病治疗前,要先对其进行体格检查和心理测验,[①]以便明确其一般情况(包括性格、智力、情绪、有无器质性病变等),继而确定心理问题的产生根源以及严重程度。

2. 明确心理疾病治疗的环境要求

通常而言,在开展老年心理疾病治疗时,必须遵循以下两个环境要求。

第一,在进行老年心理疾病治疗时,为保证来访的老年人能积极、放松地参与到治疗过程之中,选择的治疗房间最好为单间,而且除非有特殊情况,不可让第三者参与其中。

第二,在开展老年心理疾病治疗的房间内,可设有沙发,亦可摆放鲜花或是与心理疾病治疗相关的书籍。此外,咨询师与来访的老年人的位置一般为90度,且两者的距离要尽可能保持在1米左右。

3. 选择心理治疗的方法

老年人的心理困惑或心理问题是多种多样的,因而在对来访的老年人进行心理治疗时,必须依据其实际情况选择更具针对性的治疗方法。具体而言,老年心理疾病治疗方法的选择取决于患者个体特点和所患疾病或问题的类型。[②]患者的年龄、职业、文化程度、人格特点、与环境的关系、疾病的诊断等,都应作为选择具体方法的依据。比如,社会心理应激引起的各种适应性心理障碍,可使用一般性心理疾病治疗和认知疗法,必要时可配合药物治疗,以尽快控制急性症状反应;神经症患者可采用行为疗法、支持性疗法、认知疗法、音乐疗法等。

(四)老年心理疾病治疗的注意事项

在开展老年心理疾病治疗时,要确保结果的科学性和准确性,以下几个方面要特别予以注意。

第一,在开展老年心理疾病治疗时,治疗者必须要把握好咨询的时间和频度,通常来说,治疗的时间每次不超过1小时,以每周不超过3次

---

① 高颖,陶筱琴,武静,刘希凌,陈娟. 团体认知行为治疗对抑郁症患者应对方式的影响[J]. 护理学杂志, 2016, 31(23): 68-70.
② 孟庆玲. 团体心理治疗对老年癌症住院患者抑郁症疗效的影响[J]. 中国老年学杂志, 2010, 30(7): 2048-2049.

为宜。

第二,在开展老年心理疾病治疗时,治疗者必须要保持"尊敬长辈"的态度,以便来访的老年人愿意接受治疗,并积极参与到治疗之中。

第三,在开展老年心理疾病治疗时,治疗者必须针对来访的老年人所遭遇的心理挫折与困难展开治疗,切不可脱离主题,影响治疗的效果。

第四,在开展老年心理疾病治疗时,由于老年人喜欢谈过去,回想美好的往事,不太愿意计划将来,因而治疗的重心可以放在"现在"与"过去",少谈"将来"。

第五,在开展老年心理疾病治疗时,治疗者所采取的治疗策略,必须顺应来访的老年人原有的特点与性格。

第六,在开展老年心理疾病治疗时,治疗者应将传统治疗方法视为心理治疗中的重要方法。也就是说,在对来访的老年人进行心理疾病治疗时,可以考虑药物、手术、物理疗法等所引起的心理效能。

第七,在开展老年心理疾病治疗时,治疗者除了对来访的老年人进行指导,还要与其单位或家庭联系,提出切实可行的意见,帮助来访的老年人建立一个适合其生活、休养的环境。

第八,在开展老年心理疾病治疗时,治疗者若与来访的老年人存在不同的意见时,切不可与他们辩论争吵,保留他们的意见即可。

第六节 建设富有中国特色的老年精神文化生活

"老有所养、老有所医、老有所教、老有所学、老有所为、老有所乐"是我国老龄工作争取实现的六项目标。如果说"老有所养"和"老有所医"是老年人的物质生活需要的话,那么"老有所教""老有所学"和"老有所乐"就属于精神文化生活需要了。老年人由于离开工作岗位,不再拥有社会地位、经济收入和专业地位方面的优势,因而将需求满足的方法转为现实易得的精神文化生活。因此,积极建设富有中国特色的老年精神文化生活,以不断满足老年人精神文化生活的实际需要,是当前人们需要解决的一个重要问题。具体来说,可从以下几方面着手来构建富有中国特色的老年精神文化生活。

一、引导老年人树立新的观念

老年群体经历了数十年的人生历程,对自身和外部世界有着自己成形的态度。相对于年轻人,老年人不容易接受新的观念和认识,而且在如何创造更为丰富多彩的精神生活方面,有很多既定的片面认识形成了阻碍。因此,必须积极转变老年人的观念,使其更好地享受晚年生活。

(一)引导老年人形成创新的观念

老年人的一个重要心理特征,就是对新鲜事物的接受度较差。但在目前传统的娱乐活动场所数量过少,老年群体精神生活的需要与日俱增的情况下,传统资源的紧缺使老年人不得不把目光转向新兴的精神文化生活方面,特别是新兴的娱乐活动。在活动场所未能明显增加之前,老年人积极寻找其他地点加以替代的同时,也应当考虑是否将互联网应用于相互的交往和娱乐之中。假如社区中的老年人从前一直在公共活动室打麻将、下象棋,结果由于种种原因,活动室不得不关闭,或者在短期内无法重新开放,这样就使老年人失去了每日活动的乐趣。但是如果老年人能熟练使用新科技,就可以不受场地的限制,随时可以进行自己喜爱的娱乐活动。因此,必须积极引导老年人不断地接受全新的娱乐内容和方式。

(二)引导老年人勇敢、积极地走出家门

老年人的个性虽然各异,但其从内心来说,都喜欢与其他人进行交流、交往。比如,比较内向的老年人虽然给人以言语少、行为退缩的印象,但这只能证明其社交技能薄弱,而非表示其无需关心爱护和社会交往。而且从心理学角度来说,内向的老年人也渴望有朋友的支持和关爱,只不过选择朋友的标准和过程与外向型的老年人不同。因此,必须引导老年人勇敢、积极地走出家门,使其积极主动地参与到社区的老年娱乐活动中,在同龄人中找到自己的价值和快乐。

(三)引导老年人形成与时俱进的思维结构

有些老年人,在社会交往和娱乐活动中,受到传统观念中封建思想的左右,既想全身心地参与各项活动,又怕自身的行为受别人的白眼和讽刺,特别是怕引起配偶的不满和反对。这个观念的存在,使得一些老年人为了避免麻烦和招人议论而躲在家中。如此一来,老年不仅不能提升幸福感和生活质量,而且有可能产生各种各样的心理问题。因此,必须引导老年人保持与时俱进的思维结构,学会真诚、理性、自然、平和地与人交往,并以平常心对待交往之中的互动。

第七章　老年人的心理健康评估与老年心理服务体系的构建

二、积极为老年人构建新的环境

我国人口老龄化的进程不断加快、程度不断加深，但现有的老年活动场所却远远不能满足实际需要。当前老年群体的活动场所主要集中在社区提供的公用环境内，面临着数量少、空间小、设施少、功能低、条件差、环境喧嚣、安全性不高等问题的困扰。因此，必须整合现有资源，改善和增加老年群体精神生活的活动场所，以便老年人能够在更加舒适的环境中度过晚年。也就是说，必须要给老年人提供"新环境"，具体可从以下几方面着手。

（一）对养老机构中的活动场所进行扩建或援建

通常来说，公立或私立养老机构中都具备老年活动中心性质的场地及房舍，但由于经营成本、资源紧张及组织管理方面的实际困难，往往处于规模较小、功能较少的状态。在城镇社区中开辟全新的活动场所，会面临投入较高、房舍难寻的问题，而且建立成规模的老年活动中心之后，前来活动的老年人的数量时常处于波动之中，如果活动人员过少，对公共资源是一种浪费。因此，有意加强老年精神文明建设的社区，可积极主动与附近的养老机构联系，商讨合作模式，以政府援建或社会各界捐资扩建等方式，为养老机构建成具有完备体系和功能的老年活动中心，以作为现有的社区内老年活动室的补充。

（二）成立老年旅游互助组织

在当前，老年人的旅游需求不断提升。但是，面对目前旅游市场的混乱，侵害老年游客合法权益的现象层出不穷，老年游客对维权及后续事宜也没有经验，这都使老年群体对"黄昏游"望而生畏。为改变这一情况，必须积极成立老年旅游互助组织，[①]由社区和老年人参与共建，工作的核心内容为联络、考察和选择旅行社，根据老年群体的特殊需要对旅行社提出相关要求，定期组织老年人组团前往外地旅游，根据老年旅客的反馈对旅行社的服务质量进行评估和考核，监督旅行社的违约和违规行为，支持帮助老年游客依法维权等。

---

① 李松柏.都市圈乡村休闲旅游与老年季节性移居融合发展研究[J].农村经济，2011（9）：101-104.

（三）在幼儿园附近增设老年活动中心

在当前，绝大多数老年人都承担着每天接送孙辈到幼儿园的任务，因而可以尝试把新建和迁建的老年活动中心与幼儿园毗邻。如此一来，老年人既将孩子送入幼儿园，又可以到活动中心放松娱乐，继而达到照顾家庭、帮助儿女和维护身心健康的双重目的。

三、不断丰富老年人精神文化需要的新内容

对于家人、朋友或心理工作者来说，应当积极引领老年人接触全新的事物，并从中寻找乐趣，以丰富其精神生活。就当前而言，计算机和网络对于老年人来说是其急需掌握的一项全新应用技能。引导老年群体积极地认识和了解计算机及网络，进而鼓励老年群体积极地应用计算机及网络，能够有效满足老年人紧随时代步伐的精神需要。其中，计算机游戏和网络应用对于丰富老年人的精神生活具有重要的作用，下面对其进行具体分析。

（一）计算机游戏

计算机游戏在很多人看来，是小孩和年轻人的专利。事实上，国外某些专业游戏设计机构进行的市场调查结果显示，有很多计算机游戏的玩家实际上是老年群体，而且老年女性花费在计算机游戏上的时间多于老年男性。这既表明了老年人娱乐方式的与时俱进，也展现了完善老年人精神生活途径的重大变化。

对于老年人来说，适度的计算机游戏不仅能够丰富晚年的空闲时光，还可以促进大脑的思维活动，训练优化其反应能力，继而控制老年人记忆下降及延缓大脑功能的衰退，并有减少痴呆问题发生的可能。

在当前，计算机游戏分为单机游戏和网络游戏两种。其中，单机游戏的模式就是人机对战，种类繁多，涉及面广。老年人可以根据自身的兴趣、爱好或自身需要加以选择，如自觉记忆力和注意力有所减退的老年人，可以有意识地强化益智类、冒险类和角色扮演类游戏的应用时间，以维护脑部功能。网络游戏可以成为老年人足不出户而胸纳天下的有力工具，通过网络游戏平台，老年人可以和全国各地的朋友打牌、下棋，也可以和来自世界各地的朋友切磋麻将技艺，这极大地方便了身体行动不便的老年群体。不过，由于老年人反应较年轻人慢，在竞争类网络游戏中经常处于

第七章 老年人的心理健康评估与老年心理服务体系的构建

下风,故目前在老年群体中,网络游戏的应用仍少于单机游戏。

在这里还需要特别指出的一点是,老年人在选择计算机游戏时,要尽可能选择操作简单、趣味性强,又对脑功能具有维护作用的,如《植物大战僵尸》《平衡球》《愤怒的小鸟》及各种纸牌类、在线农场或牧场类游戏等,同时要尽可能避免场景过于紧张刺激或恐怖惊吓的游戏类别,以免超出其心理负荷,产生负面影响。

（二）网络应用

互联网技术的发展给老年人在学习观念、学习方式和学习行为等方面带来了深刻的变化。[①] 比如,老年人现在越来越需要借助于网络与子女进行聊天、与好友进行联系等。因此,满足老年人对于网络应用的需要,也是满足其精神文化生活需要的一个重要途径。就老年人来说,其对于网络的运用主要表现在以下几个方面。

1. 与家人、朋友保持联系

社会交往和人际沟通方面的功能,可以说是网络在目前最有价值的一个功能。网络的出现极大地方便了人与人之间的沟通和交流,有的老年人因为儿女不在身边,倍感思念;有的老年人生活圈子相对局限,所能接触到的人际资源较少;还有部分老年人因为躯体功能受限或个性偏于内向,在现实生活的人际互动几乎处于中断状态。这些老年人都可以通过网络扩展社交圈,与远在异国他乡求学或工作的子女进行视频通话;可以认识天南海北的朋友,就共同的兴趣爱好进行探讨和分享。这对满足老年群体内心交往的迫切需求,帮助老年人解决一些心理困惑或是心理问题,全方位提升精神生活的质量具有至关重要的意义。

2. 关注时事新闻

老年人因退休在家,有较多的空余时间。在这些空余时间内,大多数老年人以看电视或读报纸的方式来获取信息,顺便打发闲暇时间。此外,随着网络的日益普及,越来越多的老年人意识到网络所提供的信息量远远要多于以上两种方式,而且自己还可以就某一信息发表自己的看法。于是,老年人逐渐将自己的视野转向网络,希望在网络中更容易地获得自己所需的信息。随着网络应用能力的提高和使用时间的增多,老年人对网络使用的认同程度也随之增高,最终在网络认同和网络能力两方面的

[①] 马丽华,王倩然,程豪. 老年学员网络学习能力差异研究——兼论基于学习权视角的对策建议[J]. 中国电化教育,2018（9）：109-116.

影响下,老年人网络自信显著增强。①

3. 求医问药

随着网络媒体的发展,越来越多的医疗机构将防病、治病的知识上传到网站,让更多的人以最便捷的方式了解疾病的发生、发展规律,以利于对抗疾病,保护人类的身心健康。老年人通过对专业医疗网站的浏览,可以获得相对准确的卫生保健知识,减少了从非正规渠道获取错误信息的概率,利于老年人保护自己,避免上当受骗。此外,老年人可以借助于网络进行医院挂号并选择医生、确定就诊时间等,这不仅节约了老年人的时间,而且降低了老年人因长时间等待而加重病情的概率。

4. 记录人生的信息

老年人通常有较多的自由支配时间,有些老年人喜欢利用这一段时间来整理自己的人生,把日记、相片及其他物品归类存档,以便于日后回味。此时,计算机及其附属外设产品就成为老年人记录人生重要信息的得力助手,即老年人将日记输入到计算机中,整理成按顺序排列的文档,想看时打开计算机就一览无遗。或者在需要的时候,也可以打印成纸质材料,安全而方便。而且,老年人在输入文字的过程中,还能顺便活动手指,对脑部结构有良性刺激作用,可以称得上是整理文字和健康保健两不误。

第八章　特殊老年人的心理与调适

随着社会的不断发展,人们的情感、思维方式、知识结构以及人际关系等都在不断发生着变化,尤其是老年人,他们随着年龄的增长,会出现各种各样的心理问题,因此,在养老服务中,除了要照顾老年人的日常生活外,更应该多关注老年人的心理状态,这也是提升养老服务质量的一项重要内容。本章即对养老院老人、丧偶老人、患病老人以及空巢老人的心理及调适进行相关研究。

第一节　养老院老人的心理与调适

一、养老院老人的特殊心理需求

养老院是个较为特殊的社会养老机构,住着各种各样的老年人,老年人入住养老院后,脱离了原来的已经多年习惯的家庭氛围,离开子孙,亲情远了,原来的天伦之乐改变了,这些心理上的需要与寄托一时间得不到满足。总体来说,在养老院养老的老年人与社会上其他老年人除了所共有的一些心理需要外,还有以下一些特殊的心理需求和特点。

(一)维护自尊心的需要

离开独立生活且具有温情的家庭后,养老院的生活环境和生活方式的巨大反差,必然会引发老年人老而无用感,并使老年人产生被社会和子女抛弃的感觉。[1]因此,刚刚入住养老院的老年人常会表现出比较强的心理防御机制,特别是一些由于儿女的不孝而无奈入住养老院的老人,在和别人有意无意间谈论入住养老院的原因时,为了掩盖真实的原因,他们会

---

[1] 钱小春.机构养老空巢老人心理分析与护理对策[J].理论导报,2011(7):46-47.

尽可能说自己的儿女多么孝顺,是自己为了不给儿女添麻烦才入住养老院的,对于一些不利的事实,老人会极力否认,以维护自己极强的自尊心。

(二)渴望亲情的需要

许多老人在自己家里的时候,有时动作迟缓、体弱多病时,往往能够得到儿女们的服侍,可以享受一下天伦之乐。可进入养老院之后,环境发生了很大的变化,养老院里毕竟缺少家庭亲情,加之老人们大多年龄相仿,虽然朝夕相处,会有一些共同语言、相同的志向和兴趣爱好,但周围毕竟都是已近暮年的老年人,其环境气氛与原来的相比,显然缺少活力,生活变得沉闷,而且老年人大多数时间是在这种状态下度过的。他们往往淡漠了其他追求,最渴望、最需要的就是亲情。

(三)满足好胜心的需要

一些老年人常被人们称为"老小孩",这是因为这些老年人随着年龄的增长,逐渐表现出比较任性、好斗、贪玩的性格特点。这些老人与那些承认自己已经衰老的人不一样,他们的脾气和性格随着年龄的增长变得越来越幼稚,经常表现出与实际年龄不相仿的一些性格特点。在养老院这样一个拥有大量同龄群体的机构中,老年人的这种"顽童性"体现得更明显了。无论是在日常生活里,还是在身体锻炼中,或是在琴棋书画等方面,老年人之间总喜欢相互较劲儿竞争,以显示出自己仍然年轻、仍然充满活力和不甘落后于人的不服输特点。

(四)排除苦闷的需要

大多数入住养老院的老年人都是在养老院中走完余生的。他们经常眼见身边的人去世,这对活着的老年人来说无疑是一种刺激,联想到自己的将来,从而对前途失去信心,产生苦闷的心理。

(五)排除自卑的需要

养老院中的老年人远离了社会,远离了家庭,他们难以直接感受到社会生活的丰富多彩和家庭的温馨,在精神上容易产生抑郁与苦闷,出现自卑心理。

二、养老院老人的心理特点

老年人入住养老院之后,缺少了亲人们及时的关怀与体贴,这有可能引起老年人精神状态、感知觉及性格方面的一些变化。一般来说,养老院的老年人在心理上会有以下几个方面的变化。

(一)精神萎靡

在养老院常常会看到有些老年人手里拿着东西却在到处找,刚刚做过的事、说过的话就是想不起来,这些都是老年人近期记忆减退的结果,这种状态就是老年人尤其是养老院老年人精神状态的主要表现。

(二)情绪消极

老年人由于自身年龄等原因,经常出现情绪反常的情况,这对于养老院的老人来说更为明显。养老院的老人由于年龄及环境等原因,经常有一些情绪消极的表现,有的对一般刺激物趋于冷漠,喜怒哀乐不易表露,或反应强度降低,使人易有冷漠之感;有的一旦受到一定的打击,情绪反应就特别强烈,难以抑制。

(三)感知觉衰退

随着年龄的增长,老年人的感觉器官逐渐衰退,眼睛晶状体厚度增加,透明度降低,听力缺陷也日渐明显,老年人视力、听力的减退及其他感觉的迟钝,都使其对外界环境的反应变慢,适应能力下降,控制能力减弱。这些都会导致老年人尤其是养老院老年人与周围环境及周围的人产生格格不入的局面,容易产生一种认为周围一切都与己无关的孤独感、淡漠感。随着这种孤独感、淡漠感的加剧,常常容易出现无故发怒,夸大自身疾病,甚至出现疑病倾向或焦虑、抑郁状态。

(四)性格古怪

人们通常认为,小心、谨慎、固执、刻板等心理表现是老年人特有的性格特点,并以此认为老年人性格古怪。根据心理学的研究结果,老年人的小心、谨慎等行为有两种常见表现:一种表现是老年人在做一件事情时,往往比较重视完成任务的准确性,而对完成任务所花时间的长短并不是很在意;老年人表现在行动上的另一种小心谨慎就是做事稳扎稳打,轻易不愿冒风险。

需要注意的是,人与人之间的个体差异是很大的,不同性别间也有显著的不同,而且患有大脑或神经系统疾病的老年人的个性发展特点并不完全符合上述规律,因此在对待老年人性格问题时,还要注意具体问题具体分析。

三、养老院老人心理的调适

老年人是社会的一个重要组成部分,步入老年期也将是人生旅程的必经之战。每代人都有自己不同的人生经历和体验,不能以自己的方式、自己的想法,主观性地对待老年人。"以老人为本"的心理养老观念是现在整个养老机构共同的服务理念,这是时代进步、社会发展的一种体现。要真正做到"以老人为本",就必须要做好老人的心理调适。具体来说,对于养老院中的老人,应做到以下几方面。

(一)让老年人充分表现自己

世界卫生组织提出一个口号——"给时间以生命",意思是要让老年人焕发青春。老年人也总希望自己的晚年生活充实而富有意义,能够为社会继续做出贡献,能够老有所为。因此,养老院应多给老年人一些这样的机会,让老年人充分表现自己,可以通过以下途径让老年人来充分表现自己,从而获得心理上的满足。

1. 让老年人充当人师

老年人学习是为了陶冶情操、丰富晚年生活。因此,老年人并不需要去学习高深的知识,对他们而言,学习的主要目的是摆脱孤独、消除烦恼、丰富生活内容、延年益寿。老年人的学习一般不用请非常专业的老师,可以就地取材,让养老院里有能力和特长的老年人充当老师的角色,在互帮互助中体现自己的价值。[①] 因此,护理人员平时就应该多观察,多了解,掌握各个老年人的特长,并给他们创造施展特长的机会。平时可以组织各种各样的兴趣小组和学习小组,让有专长的老年人担当老师,将自己的知识传授给其他老年人;当老师的老年人也可从传授中表现自我,实现了高层次的心理需求;当学生的老年人从学习中满足了求知欲望,丰富了精神生活,可谓取长补短,其乐融融,这样使他们深感在养老院生活得

---

① 何姗姗,虞莲萍,陈奇春. 上海市机构养老高龄老人心理健康服务需求的个案调查[J]. 中国老年学杂志,2016,36(11):5482-5484.

更充实、更有意义和更有情调。

2.鼓励老人们互相讲故事

通过讲故事,老年人可以表现自己,体验故事中的情节,释放感情,启迪心灵。所讲述故事的内容、作品的选择要考虑到每个老年人的性格和兴趣爱好,在讲故事之前应由对老年人较为熟悉的人来为老年人挑选故事,老年人在准备故事的过程中,边体验故事中的情节,边练习,使自己进入角色,充分表现自己。老年人用生活的体验讲述着自己喜欢的故事,这将是一件令他们非常高兴的事。那些因中风说话困难的老年人也可以通过讲故事恢复流畅的语言表达能力,通过反复练习,对大脑不断刺激,最终提高语言能力,更提高了他们的自信,同时也使其看到了康复的希望。因此,建议养老院根据实际情况,定期组织老年人进行讲故事的活动,每次请几位老年人登台讲述他们事先准备好的故事,使每个老年人都有机会表现自己。

(二)让老年人主动安排自己的生活

养老院中的许多老年人行动不便,需要护理人员的精心照顾,但是在护理工作中要注意精心照顾不等于包办一切,代替老年人去做所有的事。老年人常出现身体上的不便,也因此给其带来了心理负担,内心承受了一定的痛苦,护理人员若替代老年人完成所有的事,更会使老年人感到自卑,由此产生无用感。

勇于面对和坦然接受年老的现实,是老年人健康生活的第一步。老年人在入住养老机构后,如果能快速地建立自己的人际支持网络,寻找到身体方面的帮助工具或是心理方面的安慰力量,则能够更有效地应对压力,并能够增强幸福感和适应能力。[1] 因此,护理人员在全心全意护理好老年人的同时,应该注意调动老年人的积极性,从各个侧面去消除老年人内心的痛苦,鼓励他们自立,让他们做一些力所能及的事,变被动为主动,从而使老年人感到自身的现实价值,使内心感到更加充实。

(三)让老年人陶冶自己的情操

一个人的爱好就是一种精神寄托,老年人全神贯注于某种爱好时,不仅会忘记忧愁与烦恼,而且会变得兴致勃勃、精神矍铄。因此,养老院一

---

[1] 曾惠文,王亚亚,金晓燕,王志稳,谢红,尚少梅.养老机构老年人社会适应能力现状及其影响因素调查[J].中国护理管理,2014,14(5):488-491.

定要注意让老年人陶冶自己的情操,[①] 具体可以通过以下几种方法进行。

1. 让老年人享受音乐的乐趣

音乐对人的心理卫生和精神健康大有裨益。对老年人来说,音乐尤其是一味滋养生息、延年益寿的良药。现代的音乐治疗就是把音乐作为一种活动疗法,即通过具体的音乐活动来求得治疗的效果。这不仅把音乐看作是一种艺术,而且是作为一门科学来对待。音乐对人类来说不仅是一种单纯的声音,更是人与人之间交往的一种工具。音乐还能调节老年人的情绪,在老年人感到疲倦时给他们听一些安静、祥和且暗含欢乐、激情的音乐,能帮助老年人获得良好的休息,并重新获得向上的快乐和进取的希望。因此,养老院可以将音乐当成一种增进老年人健康、开发老年人智力的手段。组织老年人欣赏的音乐应该有所选择。选择时,要考虑到每个老年人的情绪状态、喜好等因素,尽量用最适合老人的音乐来陶冶其情操,使其从中感到快乐。

2. 让老年人养花鸟鱼虫

养老院里的老年人生活在一个较为有限的空间,要使这个有限的空间充满生机和活力,让老人们与花鸟鱼虫做伴不失为一种好方法。种花植草,养鸟钓鱼,这些庭院消遣和户外活动,对老年人的身心健康也是十分有益的。老年人可以从中感受到大自然的气息、呼吸新鲜空气,促进新陈代谢,同时也可以陶冶情操、增添生活情趣。护理人员应该帮助老年人挑选一些比较容易养的、不用太费心思的植物和鱼虫鸟类,让老年人自己照顾这些花鸟鱼虫,也可以定期组织老年人互相欣赏、评比,看看哪位老年人种的花最美,哪位老年人养的鱼最好看。同时,老年人之间还可以通过种花养鱼相互交流经验、取长补短。通过与花鸟鱼虫的接触,老人们有了精神寄托,就会不断体验到在养老院生活的乐趣。

(四)做好养老院护理人员的培养工作

护理人员是养老院的主要工作人员。护理人员一般担任照顾老年人日常饮食起居和日常护理工作,他们工作质量的好坏对老年人是否能够在养老院中住得安心、放心和开心起着至关重要的作用。[②]因此,养老院一定要注意做好对护理人员的培养工作,具体来说,护理人员应该能够做

[①] 郭薇,刘连龙,焦江丽.乌鲁木齐机构养老的三种运营方式对老年人心理状态的影响[J].中国老年学杂志,2015,35(11):6234-6236.

[②] 王丽.聚焦养老机构老年人心理健康:现状与服务模式的建立——基于老年人认知与抑郁状态的评估调研[J].老龄科学研究,2018,6(3):26-36.

到以下几方面。

1. 拥有正确的老年观念和服务理念

老年人是社会的宝贵财富,他们拥有丰富的知识和经验,是社会文化的传递者和稳定社会的基石。想要成为一名称职的护理人员,最基本的就是要树立正确对待老年人的观念,认识到老年人身上所具有的闪光点,并努力为他们创造条件,使老人们在养老院中仍能有实现自己人生价值的天地。

2. 要有爱心、耐心和孝心

养老院中的老年人对于亲情的渴望是最为强烈的,因此,作为与老年人日夜相伴的护理人员一定要具有爱心、耐心和孝心,需要做的最基本的一条就是充当好这些无子女老年人或子女不在身边老年人的儿女角色。另外,在对待这些平时缺少自己子女照顾的老年人时,应该注意说话的语气、措辞及方式。

3. 要有奉献与牺牲精神

为了让养老院中的老年人能有幸福的晚年生活,护理人员必须具备奉献与牺牲精神。一名称职的养老院护理人员要以平凡、勤劳为荣,以解老年人烦恼为乐。物质需求的满足只能让人享有一时的快乐,只有拥有崇高的精神追求并为之奋斗,人才可能得到真正的快乐。作为养老院中的一员,护理人员应当尽量将自己融入养老院当中。在全心奉献的同时,定能有所回报,并可以获得成就感。

4. 要有强烈的敬业精神

养老院的护理人员应该有强烈的敬业精神,尊重身边的每一位老年人,做到对他们一视同仁。无论老年人的背景如何,对他们的独立性与需要都应给予尊重,并以此表达对个人内在价值的认可。

第二节　丧偶老人的心理与调适

一、丧偶老人心理的变化阶段

老年丧偶对于老年人来说是一个重大的打击,在另一半去世的一段时间内,老年人的心理会发生一系列的变化。概括来说,丧偶老人心理的变化主要包括以下几个阶段。

（一）麻木

在刚失去老伴儿的一段时间，老年人常常没有什么强烈的反应，这一阶段甚至有些麻木，他们好像对一切都无所谓，对任何事情也都不感兴趣了，他们还没有完全接受另一半已经离开的现实。

（二）思念和痛苦

经历了最初的麻木感后，居丧老年人会逐渐意识到老伴儿已经永远地离开了自己。这一阶段的老人会把全部的心思花在对老伴儿的思念上，经常会回忆起老伴儿的音容笑貌以及和自己在一起的点点滴滴，并会因为过度思念而痛苦不堪。

（三）恼怒和抱怨

为了发泄对去世老伴儿极度思念的情绪，有些老年人往往会采取迁怒他人的方式。处于这一阶段的居丧老年人可能会怨恨当初医生没有尽心治疗老伴儿的病，也可能会埋怨儿女在老伴儿病中没有好好地照顾老伴儿。总之，对身边和很多人，他们都有可能产生恼怒或抱怨的心理。

（四）生活无绪

虽然已经经历了失去老伴儿的最初日子，悲痛的情绪也得到一定的发泄，但很多居丧老年人的生活仍然混乱没有头绪。他们很难习惯缺少老伴儿的生活，许多居丧老人在老伴儿死去一年后，都难以抚平创伤，迟迟不能恢复正常生活。

需要注意的是，以上阶段对每个丧偶老人来说体验都是不同的。如果老伴儿久病不愈，居丧老人已经有了心理准备，那么老伴儿的去世对这个老人来说打击会相对小些；但如果老伴儿去世得非常突然，那么对另一半的打击将会非常巨大，情绪也会久久得不到平复。

二、丧偶老人心理的调适

可以采取以下几种措施来对丧偶老人的心理进行调适。

（一）勇于面对丧偶的现实

失去自己的老伴儿确实是一件让人无法接受的残酷事情，但每个人都要面对这样的事情，所以，丧偶老人一定要勇于面对自己丧偶的现实，应认识到人的生、老、病、死是不可抗拒的自然规律，在失去老伴儿后，居丧老人要冷静地劝慰自己，对老伴最好的怀念就是自己多保重身体，更好地生活下去。

（二）转移注意力

居丧老人如果经常待在家中，不断看到老伴儿留下的遗物，那么思念之情就会不断存在甚至加深。此时，居丧老人应该将老伴儿的遗物尽量收起，把注意力转移到未来生活上；或者居丧老人可以试着换个环境来转移自己的注意力，比如去儿女家中住一段时间或者去旅游等。

（三）避免自责

老年人丧偶后，常常会责备自己过去有很多地方对不起老伴儿。这种自责、内疚的心理使老年人整天唉声叹气、愁眉不展，削弱了机体免疫功能，常诱发其他身体疾病以致过早衰老。

（四）努力建立新的生活方式

老伴儿过世后，原有的某些生活方式被迫改变，孤独与不适加重。应当重新调整生活方式，减少对旧时生活方式的眷恋。家庭中夫妻关系是最重要的依恋关系，一旦丧偶，这种关系被无情地摧毁了，这时需要子女、亲友帮助老人建立、填补一种新的、更加和谐的依恋关系，方能有效地减轻哀思。

（五）尝试再婚

近年来，随着人们思想观念的转变，丧偶的老年人再婚率在不断增加。鼓励老年人再婚有助于身心健康和社会进步，这种观念在逐步被更多的老年人及其子女所接受。

第三节 患病老人的心理与调适

一、患病老人的特殊心理需求

由于疾病的影响,患者的活动受到限制,又常常处于特定的环境之中,因此,了解患者的心理需要,做好相应的护理尤为重要。概括来说,患病老人有以下特殊的心理需求。

(一)适应的需要

患病老人的适应包括角色改变的适应和环境的适应两个方面。

1. 角色改变的适应

刚患病的老年人,由于长期健康生活的定式作用,一下子很难完成从健康人到"病人"的角色转换,其间需要有一个过渡和适应时期,以慢慢克服以前健康时的习惯性心理作用,适应患者的生活。

2. 环境的适应

尤其是新入院的患者进入一个陌生的环境,周围的患者经常更换,不断有新的个体加入这个群体之中,因此,对每个患者来说都需要适应新的环境、新的人际关系。这样将有利于患者进入角色,加速诊治过程,促进康复。

(二)尊重的需要

患病老人通常会认为,自我的被认识和受尊重会加深医务人员对自己的重视,从而得到较好的治疗。因此,患病老人需要被认识,不仅需要被医护人员认识,而且需要被其他人认识。不同社会角色的患者,可能会有意无意透露或显示自己的身份,以求获得特殊的尊重与照顾。

(三)安全的需要

每一个患病老人都希望在医院中得到最好的治疗,尽快恢复正常的生活,因此,每一个患病老人都会把安全作为最重要的需要之一,这也是他们求医的最终目的。因此,医务人员对可能影响患病老人安全感的行为,都应该尽量避免。如对新的治疗手段及措施应加以详细解释,使患病老人在心理和行为上予以接纳,增加他们的安全感,这样有利于患病老人对治疗充满信心,主动配合治疗。

(四)了解有关信息的需要

由于医院的环境特殊,限制了患病老人的信息来源,使其获得信息的途径变少。具体来说,患病老人通常想要获得以下几方面的信息,当患者了解了这些信息,对今后的治疗有了充分的了解时,将会增强他们战胜疾病的信心,从而为顺利治疗创造条件。

第一,了解住院生活制度的信息。
第二,了解治疗安排的有关信息。
第三,了解自身疾病的进展与预后的信息。
第四,了解如何配合治疗的信息。
第五,了解有关良好习惯与治疗过程及疾病关系的信息等。

(五)活动的需要

健康人的日常生活往往是丰富多彩的,而生病住院后则几乎被束缚和封闭在一个单调的世界里,每天面对的都是医生,每天都要进行病情的诊断、服药等,这样的生活往往会让患病老人觉得非常无趣,从而对现在的生活充满了失望感。因此,应该根据患病老人的实际情况适当安排一些活动,这样有利于调动患病老人的积极性,使其情绪得到缓解,从而有利于其身体尽快康复。

(六)获得安慰和鼓励的需要

不管意志多么坚强的老人,一旦患病后,心理就会出现失衡,他们希望获得人们的安慰和鼓励,以增强战胜疾病的信心。因此,在患病老人治疗或住院期间,医院通过各种形式给他们以精神上的安慰,是有利于其康复的。但必须注意的是,这种安慰应是适当的,如果无休止地与患病交谈,或车轮战式地去医院探视,则只会适得其反。

二、患病老人的心理特点

(一)情绪焦躁易怒但又无可奈何

长期患病的老人往往在生理上是需要别人帮助的,尤其是长期卧病在床、大小便不能自理的老人,这是最令老人难为情的事。因为这种身心矛盾的冲突,所以卧病在床的老人往往会情绪比较焦躁恶劣,怨天尤人;① 另外,他们对自身处境又没有更好地解决途径,所以即使抱怨发脾气也无可奈何。

(二)自尊心过强

患病老人总是希望自己能够得到别人的关怀和照顾,家里人应该为他们而损失一些个人的利益,并认为应该让他们了解自己疾病的特点,了解防治这方面疾病的有关知识。患病老人的这些心理需要如果得不到重视,则自尊心受到挫折,自我价值感丧失,就会变得心情沮丧。

(三)依赖性增强

由于患病后的老年人正常的社会交往和信息刺激骤然减少,加上活动能力下降,对家庭成员的依赖性增加。有些老年患者常会有意无意地变得软弱无力,事无巨细全都依赖别人,部分老年患者出现返老还童现象,如爱吃、贪玩、表现天真等,别人稍有冒犯,心里就不是滋味,人前人后唠叨没完,以宣泄内心的不满。这种心理状态,不利于患病老年人积极配合医务人员医疗、护理,也不利于调动自身积极性进行适当的功能锻炼,因此必将影响患病老年人的早日康复。

(四)孤独感增强

一些患病老人患病后担心受到冷落、鄙视,常常希望周围的人关心自己,终日心事重重,敏感多疑。尤其是住院的老年人,新入院时四周都是陌生人,更容易产生孤独感,盼望亲人的陪伴。此外,由于病房内的病种形形色色,病情千变万化,更易加重其不安全感,总担心自己的病情会加重,会治不好,同时也祈盼能早日痊愈。

(五)恐惧情绪增强

害怕是健康人患病后的常见心理反应,而在严重的紧张刺激下,患者表现出一种失去理智的害怕并不少见。有许多老人在患病后就比较容易出现各种害怕的情况,如害怕新的环境;害怕医疗设备;害怕疼痛;害怕治疗和诊断过程中的手术、各种插管;害怕个人感情受伤害或被忽视;害

---

① 陈爱萍. 老年病人临终关怀进展[J]. 中华护理杂志,2003,38(7):577.

怕孤独或与亲人分离；害怕丧失功能或失去自我控制；害怕给别人增加负担；害怕死亡等。[①] 对于这种情况，医生和家属应该给予足够的安慰和关心，经常对其进行心理疏导，使其尽快摆脱这种不良情绪的困扰。

(六) 情绪不稳定

一些老人在患病后情绪变得非常不稳定，遇事易激动，甚至与病友、医务人员发生冲突，这通常是人在与疾病和环境变化的抗争中不能自拔而激起的情绪发泄。慢性病患者常有很多怨言，对人冷漠无情，脾气暴躁，有时好唠叨、爱生气，甚至易哭泣，不能忍受疾病带来的压力和痛苦，因此常感到周围一切都不顺心，听到与自己观点一致的语言，会认为对方同情自己而落泪；听到相反的意见会认为对方不重视自己而大发雷霆，变得非常固执。有的患者对外界一些刺激反应较敏感，如看到重病患者易产生恐惧感，经常处于焦虑、紧张的状态。

(七) 适应性降低

有些一向健康的人，一旦患了急性重病后，在开始的一个短时期内总幻想自己并没有患病，可能是医生搞错了。这是惯性思维造成的，他们不肯住院，不配合治疗，总认为自己休息一下就会好起来的。而当疾病好转后，又认为自己没有完全恢复，要求继续住院观察和治疗，并要求给予特殊照顾；不愿出院，怕回家后会使病情恶化。这是习惯了患者身份的惰性表现。一个人进入"病人角色"以后，其社会行为可能会发生变化，尤其在精神上的适应性普遍降低。

三、患病老人心理的调适

老人长期患病，大部分情况下都需要子女的悉心照料。很多老人会觉得自己得了病，许多地方都需要别人照顾，是给儿女添麻烦，觉得自己很没用，这样的想法不仅过于消极，长此以往会导致情绪上的问题，同时也不利于医生的治疗和早日康复。因此，患病老人一定要调适好自己的心理。具体来说，可以从以下几方面对患病老人的心理进行调适。

[①] 程春燕，张阳，陈欣怡，薛可，陈长英. 老年癌症患者恐惧疾病进展与希望水平的相关性研究[J]. 护理学杂志，2019 (1): 13-16.

(一)充分理解患病老人

有时候我们会发现,一些平时性格很好、人也很积极乐观的老年人,一旦得病,尤其是得了需要经常卧床休养的慢性病症,往往脾气会发生变化,容易发火,轻易就会被激怒,并且会时不时地大吵大闹,甚至有时候像是故意想惹周围人生气专门找茬儿一样。对于这种情况,应该尝试从患病老人的视角出发理解其行为,之后就会发现:有时患病老人表现出来的愤怒、忧郁以及冷漠等情绪并非是他们的故意刁难,而是他们对于自身处境茫然不知所措的表现,老人的一些怪异举动或是不良情绪都是有其原因的,我们要先设身处地地站在他们的立场来考虑问题,尽量体贴他们的感受,而不是先以指责、怨怼作为开场白。许多争吵都是由于情绪上的一时激动,事后发生争执的双方可能都会对自己的举动后悔。那么,就让爱来消解一切过错吧,如果我们从爱着手,许多问题都可以迎刃而解了。

(二)帮助老年人及时转变角色

一些进入"病人角色"的患病老年人,经过一段时间的积极治疗和精心护理,身体逐渐康复。但也有一部分患病老年人,由于过分关注自身健康,总觉得自己病得很重,还没有完全治好,仍习惯于"病人角色",疑虑重重,烦躁不安。这种心理状态对身体康复和今后生活极为不利。因此,医务人员应及时做好患病老年人的思想工作,打消其思想顾虑,让其振作精神;患者家属、亲友应主动关心安慰,做好解释,让其注意休养,积极锻炼。最好能创造条件让患病老年人观看、阅读一些有关疾病的医学科普方面的节目和读物,使之能在今后的生活中把握并正确对待自己的健康问题。

(三)帮助长期患病老人树立生活的信心

针对长期患病老人,作为子女或者看护人员,一定要细心加耐心,既要留意到老年人每一个细微的心理需求,同时也要能够体谅老年人久病未愈的心情。最重要的是帮助老人树立生活的信念,[①]让他们明白只要人生活得有意义,无论以何种方式活着都是种福气。老年人自己也应当努力重新挖掘个人在生活中的价值,明白自己是被家人需要的,绝不是什么

---

① 刘媛媛,张晓燕,张澜.认知行为集体心理咨询对老年高血压患者焦虑情绪的干预效果[J].中国心理卫生杂志,2017,31(1):13-18.

累赘,虽然患病,但也可以做一些简单的工作,看看书、读读报,监督放学回家的小孙子做作业……有这么多可以做的事情,活着的确又美好又有意义。

(四)与患病老人坦诚相待

我们与老人的交流不能停留在机械地询问阶段,而是以心交心。彼此坦诚不仅可以增强感情,帮助老人增强克服疾病的信心,也会让我们有更多地机会来了解患病老人的内心需求。另外要提到的是,一些子女会有这样的心理:不愿意和老年人谈及他们的病情,往往怕老年人担心或者多想。但其实有时候老年人并不是我们想象的那么脆弱,况且老人都有了解自己疾病的需要。有时我们用真诚的态度与老人交换对病情的看法对积极治疗也是很有效果的。当然,这不是说所有的交流都要口无遮拦、想讲就讲,而是要掌握一定的说话技巧,在适当的时机讲,既要做到不敷衍老人,同时也要做到帮助老人树立积极接受治疗的坚定信心。

(五)消除老年人孤独、怕寂寞的心理

老年患者入院后由于对医院环境不适应,很希望有人来探望,尤其希望子女、亲友能时常陪在自己的身边,但又怕给家庭成员带来太多麻烦,心里很矛盾,再加上疾病的影响,极易产生孤独寂寞的心理。[①]家人有时间要多去医院探望陪伴。

(六)消除老年人悲观、绝望的心理

大多数的老年患者住院一段时间后,如果感到疗效不明显,就会怀疑自己是否得了什么重症或绝症。如果家人或医务人员在言语和动作上稍有疏忽,就会引起他们无端的猜测,产生悲观、绝望的心理。[②]所以要沉着冷静、有条不紊地做好老年患者护理和心理工作,消除他们的顾虑和悲观情绪。

[①] 朱雅萍,张驰,方均华等.居家老年临终患者生活状况与家属心理状态的调查[J].中华护理杂志,2011,46(3):288-290.
[②] 孙海漪,周红宇,叶瑞绵.认知—行为团体心理咨询对老年冠心病患者抑郁和焦虑及服药依从性的影响研究[J].心理月刊,2018(11):26.

(七)帮助老年人保持乐观豁达的心境

由于慢性病长期缠身,给家庭成员带来不少麻烦,老年慢性病患者常易出现焦虑、内疚、自责的心理,甚至消极悲观,自暴自弃,也可出现绝望厌世心理,有时表现为抑郁少言,有时表现为暴躁、怒气冲冲,遇到一些琐碎小事就大发雷霆。对于这种心理变化,家属应给予谅解,要热情关心,耐心引导,帮助患者树立战胜顽疾的信心。对于患者的粗暴无礼,要给予深切地理解,切勿感情用事与患者争吵,伤害患者的自尊心。要以深切地理解与真诚的善心去感化患者。要与患者促膝谈心,帮助他们正视现实,鼓励他们振作精神。要帮助他们消除顾虑及其他有害的心理因素,用同样疾患的患者与疾病做顽强斗争的生动事例开导启发患者,增强患者的心理承受能力,充分调动患者的积极因素,主动配合治疗。

(八)帮助患病老人找回自我价值

个体步入老年,尤其步入老年后还患病的老人,很容易因周围环境和自身产生的变化而萌发"丧失感",容易贬低自我的价值。而儿女的尊重可以让老人从中感觉到自身的价值,如果我们对老人出言不逊,或是不屑一顾,不仅造成老人恶劣的心境,还会让他们感到人生挫败。因此,我们应该注意培养自己的品质,发掘老人身上的闪光之处。比如,老人一生的道路必定是由许多困难和勇气编织而成的,每个老人都有自己不平凡的一生,时不时和老年人唠唠家常,听他们讲讲自己以前的故事,就是一种最简单的尊重,也是最简单地帮助老年人通过回忆往事找回自身价值的方法。

(九)帮助老年人扩大生活情趣

患病老年人,特别是长期患有慢性病的老年人,难免会受到内外环境的各种影响,而产生悲痛和烦恼,甚至出现消极、绝望和厌世等不良情绪。要提高患病老年人的生存质量,就必须善于运用各种方法予以调适。此时,患病老年人应主动做好自我调适,扩大生活情趣,在身体状况允许的情况下,可以通过读书、看报、散步、跳舞、打拳、听音乐、聊天、绘画和郊游等文化娱乐活动来间接倾诉、调适不良心理。情趣靠自己去寻找、培养,生活靠自己去安排、调适,这样,就会使患病老年人感到空间是广阔的,生活是美好的,心情就会愉悦,从而就会对疾病产生积极的效应。

第四节 空巢老人的心理与调适

空巢老人是指没有子女照顾、单居或夫妻双居的老人。一般我们会把空巢老人分为三种情况:一是无儿无女无老伴的孤寡老人;[1] 二是有子女但与其分开单住的老人;[2] 三是子女远在外地,不得已独守空巢的老人。[3]

一、空巢老人面临的现实问题

老年是一个不断遭遇丧失的阶段,这种丧失会给老年人带来人格尊严上的极大冲击,会促使老年人产生更多的情感或精神需要。随着年龄增长、身体机能日益衰退,而子女又由于种种原因不能在身边养老尽孝,很多空巢老人的晚年生活面临着很大的现实问题,概括来说主要包括以下几方面。

(一)经济问题

虽然很多空巢老人有离退休金,但是很多老年人的退休金非常少,难以维持正常的生活,因此,有不少老人继续参加劳动,自力更生。在农村偏远地区,空巢老人的生活更为艰苦,解决农村地区老人的养老问题将是今后很长一段时期的任务。目前我国新农保水平很低,一个月只有几十块钱,远不够生活所用。而且偏远地区交通不方便,有的空巢老人到银行代发点去领取养老金,所领资金还不够往来车费。因此,从经济生活保障角度,我们应更多关注广大农村的空巢老人,切实提高他们的经济生活水平。

---

[1] Xie, L. Q., Zhang, J. P., Peng, F., & Jiao, N. N. Prevalence and Related Influencing Factors of Depressive Symptoms for Empty-Nest Elderly Living in the Rural Area of Yongzhou, China[J]. Archives of Gerontology and Geriatrics, 2010(50):24-29.
[2] Liu, L. J., & Guo, Q. Life Satisfaction in A Sample of Empty-Nest Elderly: A Survey in the Rural Area of Mountainous County in China[J]. Quality of Life Research, 2008(17):823-830.
[3] Xu, Q. W., & Chow, J. C. Exploring the Community-Based Service Delivery Model: Elderly Care in China[J]. International Social Work, 2011(54):374-389.

(二)日常生活问题

很多空巢老人都面临着一个同样的问题:每天的洗衣、做饭、打扫卫生等日常行为对他们而言颇为困难。有的老人腿脚不方便,下楼买菜是一大难题,他们往往要么一次多买点,减少下楼次数;要么等着子女买回来,或是麻烦邻居与社工。由此可以看出,空巢老人的日常生活照料对他们的晚年生活质量来说是很重要的。然而,我国目前从事养老服务的工作人员远远达不到实际需求,客观地讲,除了从业人员严重不足之外,我国养老服务业的总体服务水平也不高,尚不能满足老年人不断增加的养老需求。

(三)安全问题

老年人在独居状态下,会给不法分子带来可乘之机,造成很多危险,因此很多空巢老人会担心自身的生命安全和财产安全问题。老人普遍存在肢体运动机能下降,在空巢状态下,老人因跌倒、撞伤、烧伤、烫伤等原因导致身体损害几乎成了空巢老年群体中的常见现象。空巢老人最为担心的是自己独自在家时突然发病或离世却无人知晓,而类似事件经常见诸报端,这更加剧了空巢老人对生命安全的担心。在面对地震、暴雨、火灾等突发灾难时,空巢老人所受的伤害要远远大于有子女或亲友照顾的其他老人。此外,空巢老人还会担心自己的财产安全。近年来,针对空巢老人的盗窃、诈骗、入室抢劫等侵害行为时有发生。这些现象的存在,无一不在警示着我们,空巢老人的安全问题非常重要,应引起有关部门和社会人士的积极关注,并加以妥善解决。

(四)心理空虚的问题

除了物质需求外,精神上的空虚更为可怕。同那些非空巢老人相比,空巢老人内心更多的是感到孤独和抑郁。[1]在我国养老问题中受到冲击最大、最严重的正是作为养老最基础的家庭层面。很多子女只关心父母的吃穿问题,认为只要让父母吃饱穿暖就是孝顺,而忽略了老人的心理需求;有的子女即使想关心一下父母的情绪,但怎奈离家太远,或是有心无力,不知如何劝慰。此外,从事养老服务工作的人员,包括家政服务人员

---

[1] 卢慕雪,郭成.空巢老人心理健康的现状及研究述评[J].心理科学进展,2013,21(2):263-271.

在内,了解老年人心理且具备老年人心理护理能力的人员非常少,很多养老机构根本就没有心理咨询员岗位或是形同虚设,未能充分发挥他们应有的作用。

二、空巢老人的心理特点

(一)沉默寡言、闷闷不乐

处于空巢期的老年人,如果婚姻结构完整、夫妻感情稳固且共同生活经验良好,那么他们一起抵御子女离巢造成的心理损伤的能力就会较好;反之,丧偶而独居、夫妻关系长期不良、身患多种慢性疾病、精神或身体功能残疾等类型的老年人,非常可能会面临社会交往完全或大部分中断的窘境。虽然生活照料方面可以通过一定的方式来解决,如请保姆、钟点工等,但是雇佣关系不可能替代亲子关系,短时间内又不能有效地建立与同龄人之间的人际关系,所以这些老年人会有找不到人说心里话的痛苦感受。[①] 久而久之,也就真的习惯了不主动表达内心需求的方式,变得沉默寡言、闷闷不乐。

(二)悲观失落、心情低沉

如果老年人办理了退休手续,彻底脱离了原来的工作状态,转而进入轻闲无事的居家生活状态,骤然的变化本身就极易产生严重的适应困难,而在这个时间前后,如果子女因为就业、成家等原因也离开了原来的家庭,特别是到其他城市、地区甚至是其他国家生活,那么老年人一方面失去了能为社会做事的机会,另一方面失去了为子女做事的机会,空巢现象就不可避免地产生了。空巢老人大多无法立即适应这种新的生活,进而会出现悲观失落、心情低沉等消极情绪。

(三)孤独感增强

独孤感是一种与世隔绝、无依无靠、孤单寂寞的情绪体验。当子女离家之后,面对每天除了吃饭、睡觉、看电视,几乎无事可做的单调生活,老年人自然会产生孤独感。特别是独居的丧偶空巢老人,孤独感尤为明

---

① 赵芳,许芸.城市空巢老人生活状况和社会支持体系分析[J].南京师范大学学报(社会科学版),2003(3):68-72.

显。[①]严重的孤独感还会产生挫折感、寂寞感和狂躁感,若再加上身体疾病的长期折磨,甚至会使老人产生轻生厌世的心理及行为。

(四)衰老感增强

衰老感是指自我感觉体力和精力迅速衰退,做事力不从心的心理感受。人进入老年期之后,身体各个器官及机能都会随着年龄的增长而逐渐衰退。衰老是一种进行性的、不可逆转的变化,但与身体上的衰老相比,心理上的衰老对空巢老人的影响更为深远。很多空巢老人会由于子女成家立业、第三代出生、退休、被人称为老爷爷、老奶奶等而感慨自己变老了,并由此而产生一些消极的情绪和行为。

(五)无用感增强

无用感是指认为自己未来的人生没有前途、没有希望,感觉自己没有社会价值的心理。研究结果指出,觉得自己没用会严重伤害身心健康,无用感常见于退休后的老人和内源性抑郁症患者。空巢老人的无用感主要是伴随其年龄增长、身体机能衰退、社会角色变化而产生的。很多老人年轻时身强力壮,想做什么就能做什么,但现在"心有余而力不足",因此老人在受到挫折之后极易产生无用感。

(六)焦虑情绪增强

焦虑是指当一个人预测将会有某种不良后果产生或模糊的威胁出现时产生的一种不愉快的情绪体验,通常由紧张、忧虑、不安、担心等感受交织在一起。焦虑总是与精神打击以及即将到来、可能会造成危害的刺激相关,严重的会发展为焦虑症。焦虑症是老年人常见的心理疾病之一。

(七)抑郁情绪增强

抑郁情绪是一种过度忧愁和伤感的情绪体验,一般表现为情绪低落、心境悲观、郁郁寡欢、思维迟缓、意志减退、行动迟钝等,严重的还会发展为抑郁症。老年抑郁症在老年群体中是一种较为常见的心理疾病之一。空巢老人的抑郁症患病率明显高于非空巢老人,而且老年抑郁症也是引起老年人自杀的最主要原因。

[①] 石燕. 城市低龄空巢老人的心理状况及其影响因素分析——以南京市建邺区为例[J]. 理论与现代化, 2012 (5): 58-63.

三、空巢老人心理的调适

（一）提前做好"空巢"的心理准备

老年人应在子女生活独立之前就有意识地注意调整日常生活的模式和规律,以便适应即将临近的"空巢"家庭生活。[①] 有些家庭对"空巢"心理准备不足,不愿面对,以为自己由于空巢而产生的一些负面情绪是过渡性的,很快就会过去,但事实上忽视它反而带来的负面作用将会更大。只有积极正视空巢,才能有效防止空巢所带来的家庭情感危机。

（二）让自己的生活变得充实

许多父母亲在子女未离家时,为子女的衣食住行不停操劳,为子女求学、求职、择偶不断奔波,虽然辛苦但却充实。而一旦子女由于求学、工作或结婚而离家后,父母的生活虽然清闲了,但却变得冷清、难熬。所以,要克服或减缓家庭空巢综合征,就必须及时地充实新的生活内容,尽快找到新的替代角色。例如,可以培养新的兴趣爱好,建立新的人际关系,创造新的生活方式,参与丰富多彩的闲暇活动。只有让自己充实、忙碌起来,使自己的生活变得有意义,才不会有"闲情"去自怨自艾空巢后的孤寂生活。

（三）为减轻对子女的依赖而建立新型家庭关系

由于受我国传统文化思想的影响和独生子女家庭结构的制约,与西方一些国家相比,当今中国的父母们更加看重对子女的养育,子女对父母的影响及其在家庭中的作用格外突出。在这种情况下,父母会对子女产生一种特殊的依恋心理,更多受子女的影响和支配,其结果就是为自己在日后因子女离家而产生空巢心理问题埋下了种子。因此,为了避免空巢心理问题的出现,父母应建立新型家庭关系,尽早地将家庭关系的重心由亲子关系向夫妻关系转移,适当地减少对子女的感情投入,降低对子女回报父母的期望水平,尤其是当子女快要到了"离巢"年龄时,要逐渐减少对子女的心理依恋,做好充足的心理准备。另外,父母要尽量与子女保持宽松、平等、民主的关系,民主型的教养方式、亲子关系会促使子女在情感和理智上关心、体贴父母,增加亲子间交流的频次。

[①] 杨平, 黄照权, 石武祥, 刘建英, 高东, 麦浩, 郭振友. 农村空巢老人心理健康影响因素的研究进展 [J]. 中国老年学杂志, 2018, 38 (7): 3553-3555.

参考文献

[1] 彭蓓,周海荣. 老年护理 [M]. 上海:第二军医大学出版社,2015.

[2] 王晓秋,孙颖心. 老年心理辅导师实务培训 [M]. 北京:高等教育出版社,2017.

[3] 王婷. 老年心理慰藉实务 [M]. 北京:中国人民大学出版社,2015.

[4] 邸淑珍. 老年护理 [M]. 北京:中国中医药出版社,2016.

[5] 冯晓丽. 老年心理辅导师实务培训 [M]. 北京:中国劳动社会保障出版社,2015.

[6] 王水龙. 智慧养生:心理保健与疾病康复 [M]. 西安:西安交通大学出版社,2014.

[7] 李欣. 老年心理维护与服务 [M]. 北京:北京大学出版社,2013.

[8] 顾秀莲. 老龄社会与老年教育研究 [M]. 北京:中国妇女出版社,2009.

[9] 刘荣才. 老年心理学 [M]. 武汉:华中师范大学出版社,2009.

[10] 熊必俊. 老龄经济学 [M]. 北京:中国社会出版社,2009.

[11] 高云鹏,胡军生,肖健. 老年心理学 [M]. 北京:北京大学出版社,2013.

[12] 黄冬梅. 老年心理学读本 [M]. 北京:学习出版社,2017.

[13] 张伟新,王港,刘颂. 老年心理学概论 [M]. 南京:南京大学出版社,2015.

[14] 李惠玲,王丽. 养老护理指导手册 [M]. 苏州:苏州大学出版社,2016.

[15] 冯贵山. 实用老年生活大全 [M]. 上海:上海古籍出版社,1998.

[16] 游涛. 老年体质培养新启发 [M]. 北京:中国轻工业出版社,1999.

[17] 王大华,王玉龙. 老年心理病理学 [M]. 北京:中央广播电视大学出版社,2013.

[18] 崔丽娟,丁沁南. 老年心理学 [M]. 北京:开明出版社,2012.

[19] 常桂梅.老年护理[M].郑州：河南科学技术出版社,2005.

[20] 陈露晓.老年期生理、心理变化及应对[M].北京：中国社会出版社,2009.

[21] 于志远,李玉华.大众健康专家咨询 老年性痴呆防治指南[M].北京：人民卫生出版社,2000.

[22] 宋心田.送给老爸老妈的心理学[M].西安：陕西师范大学出版总社有限公司,2012.

[23] 丁晓雯,周才琼.保健食品原理[M].重庆：西南大学出版社,2008.

[24] 柳明强.养老护理员的知识和技能[M].武汉：湖北科学技术出版社,2013.

[25] 崔凤华.临退休群体心理发展研究[M].广州：世界图书出版广东有限公司,2014.

[26] 苏东.公民权利义务与国家制度[M].北京：中国民主法制出版社,2015.

[27] 华宏鸣.科学发展观与现代管理：科学发展观的管理内涵和实施原则[M].北京：中央文献出版社,2011.

[28] 林义.社会保险[M].北京：中国金融出版社,2010.

[29] 江泓,吴忠.调整人口就业年限的影响及对策研究[M].上海：同济大学出版社,2015.

[30] 郑秉文.中国养老金发展报告（2011）[M].北京：经济管理出版社,2011.

[31] 李宏.中国延迟退休年龄问题研究[M].北京：中国言实出版社,2015.

[32] 关博.建立更加公平的养老保险制度：理论分析与中国实践[M].北京：经济管理出版社,2016.

[33] 杨宝祥,陈洪涛.老年社会工作培训教程[M].北京：中国社会出版社,2014.

[34] 张理义.老年人如何讲究心理保健[M].南京：东南大学出版社,2007.

[35] 崔维珍,乔伟昌.老年心理健康金钥匙(修订版)[M].青岛：中国海洋大学出版社,2011.

[36] 李秀珍.老年健康之道：心理呵护300问[M].北京：人民军医出版社,2015.

[37] 希玉.中老年生活大全[M].郑州：河南科学技术出版社,2000.

[38] 李硕. 美好生活 夕阳红：老年朋友心理健康与保健 [M]. 北京：中医古籍出版社, 2012.

[39] 董翠红, 杨术兰. 老年护理 [M]. 北京：中国科学技术出版社, 2014.

[40] 侯志铭. 个人理财 [M]. 北京：对外经济贸易大学出版社, 2016.

[41] 朱广平. 经济学一本通 [M]. 北京：北京联合出版公司, 2015.

[42] 李丽珠. "医养结合"老年护理服务手册 [M]. 太原：山西经济出版社, 2014.

[43] 李玲, 朱艳. 老年护理学 [M]. 济南：山东人民出版社, 2014.

[44] 梁玉成. 市场转型过程中的国家与市场——一项基于劳动力退休年龄的考察 [J]. 中国社会科学, 2007（5）.

[45] 赫晓敏. 当前我国人口老龄化问题及对策 [J]. 新乡学院学报（社会科学版）, 2008（5）.

[46] 黄明安, 陈钰. 中国人口老龄化的现状及建议 [J]. 经济研究导刊, 2018（10）.

[47] 耿庆霞. 浅析人口老龄化背景下农村养老问题 [J]. 中国城市化, 2016（4）.

[48] 申继亮, 陈勃, 王大华. 成人期基本认知能力的发展状况研究 [J]. 心理学报, 2000（1）.

[49] 向琴. 早期老年性痴呆患者的心理行为特点及其干预效果 [J]. 中国老年学杂志, 2011（22）.

[50] 乔建中. 情绪的社会建构理论 [J]. 心理科学进展, 2003（5）

[51] 国务院第六次全国人口普查领导小组办公室. 全国人口普查公报 [R]. 国家统计局官网.

[52] 国务院. 国务院关于印发《"十三五"国家老龄事业发展和养老体系建设规划》的通知 [EB/OL]. 中华人民共和国中央人民政府网.

[53] 政策研究室子站. 发改委：发展养老服务业绘就魅力夕阳红 [EB/OL]. 中国老龄工作委员会办公室网站.

[54] 彭聃龄. 普通心理学（第4版）[M]. 北京：北京师范大学出版社, 2012.

[55] 金盛华. 社会心理学（第2版）[M]. 北京：高等教育出版社, 2010.